岭南文化青少年读本系列

主编：傅 华　副主编：王桂科

岭南建筑

崔 俊　倪韵捷　编著

 南方出版传媒·广东人民出版社

·广州·

图书在版编目（CIP）数据

岭南建筑 / 崔俊, 倪韵捷编著 . —广州：广东人民出版社, 2020.6
（岭南文化青少年读本系列 / 傅华主编）
ISBN 978-7-218-13855-8

Ⅰ . ①岭… Ⅱ . ①崔… ②倪… Ⅲ . ①建筑文化－广东－青少年读物
Ⅳ . ① TU-092.965

中国版本图书馆 CIP 数据核字 (2019) 第 196427 号

LINGNAN JIANZHU
岭南建筑
崔 俊 倪韵捷 编著

出 版 人：肖风华

编写统筹：王 芳
责任编辑：倪腊松 林小玲 张竹嫒 林窕窕
整体设计：何玉婷 李卓琪
责任技编：吴彦斌 周星奎
责任校对：梁敏岚 吴丽平

出版发行：广东人民出版社
地 址：广州市海珠区新港西路 204 号 2 号楼（邮政编码：510300）
电 话：（020）85716809（总编室）
传 真：（020）85716872
网 址：http://www.gdpph.com
印 刷：广州市浩诚印刷有限公司
开 本：787 毫米 ×1092 毫米 1/16
印 张：12.25 字 数：153 千
版 次：2020 年 6 月第 1 版
印 次：2020 年 6 月第 1 次印刷
定 价：40.00 元

如发现印装质量问题，影响阅读，请与出版社（020-85716808）联系调换。
售书热线：（020）85716826
书中个别图片暂时无法联系到作者，如发现后请及时与我社取得联系。

当我们在说岭南建筑时我们在说什么

·我们在说岭南的气候特点

岭南地区地处亚热带和热带，具有炎热、潮湿、多雨和台风多发的气候特点，因此岭南地区的建筑注重通风、散热、防潮、采光。

·我们在说岭南的滨海优势

岭南地区位于中国的东南沿海，拥有全国最长的海岸线和全国最多的华侨。岭南文化与海外文化交流频繁，所以在岭南尤其沿海地区的传统建筑上常会看到一些外来文化符号，感受到中西风情的糅合。

·我们在说岭南的文化交融

历史上北方中原地区是古代中国的中心，那里的人们出于躲避战乱等原因陆续南迁，带着汉文化与岭南原有的土著越文化不断碰撞、逐渐交融，这对岭南的建筑产生了重要影响。又因岭南在古代属边疆地区，存在文化传播的滞后性，使得岭南古建筑保留了许多古制。

·我们在说岭南的性格特色

在漫漫历史长河中，岭南地区逐渐形成了自己的性格——多元、包容又务实，除了本土文化，它还有中国北方中原文化、海外文化。这样的性格特点让它擅长吸纳优秀的外来元素，并生动地体现在它的建筑特征之中。

·我们在说岭南建筑的类型

岭南建筑基本承袭中国传统建筑类型，丰富多样，又都带有自己的本土"味道"。本书篇幅有限，不能涵盖所有岭南建筑，于是选取了几种主要类型，包括民居、园林、宗教建筑、学宫建筑和古塔等，其他建筑中列举了交通建筑和近现代纪念性建筑。

·我们在说岭南建筑在身边

本书希望通过这些数量有限但具有典型地方特色的传统建筑，让读者朋友们认识岭南建筑。以后，走在大街小巷时可以留心观察一下，周边的岭南传统建筑除了书中所说的以外，还有哪些有意思的特点呢！

阅读愉快！

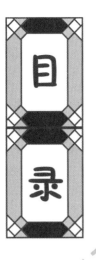

目录

2

岭南传统建筑小常识

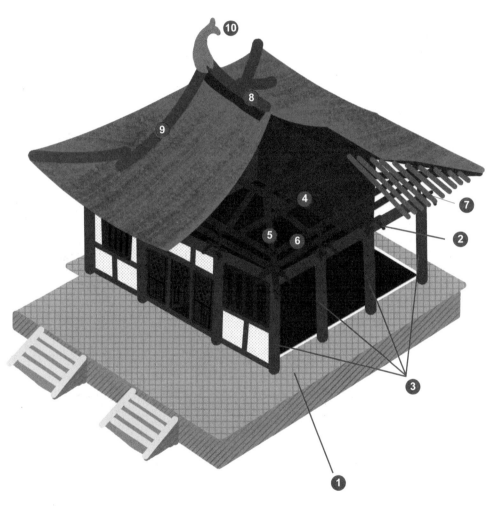

光孝寺伽蓝殿

1. 台基　2. 斗拱　3. 柱　4. 梁　5. 角梁

6. 檩　7. 桷板　8. 正脊　9. 垂脊　10. 鳌鱼

岭南民居建筑

我国土地广阔，各地风俗民情丰富多彩，在建筑上表现得最突出的就是各地传统民居了。它们各有特点，同时也有相似的空间使用逻辑——合院式。

不过，同样是"合院"，北方的民居，以四合院为例，是用"围"的思路围合出中间的庭院；而南方的民居，以"三间两廊"为例，是用"挖"的思路在房屋中间挖出一个天井。

北方的四季分明，冬天寒冷，要想生活舒适，就要抗旱取暖，也就是尽可能获得阳光。因此北方民居的庭院面积比较大，这样能容纳更多阳光。庭院周围的建筑大多只有一两层，因为较低的高度有利于让更多阳光进入室内。

在南方地区，夏季的持续时间长，炎热又潮湿，因此避暑、散热和通风是民居建筑在设计上首先需要考虑解决的问题。围绕这些问题，岭南民居建筑有这样一些共通的体现：

●庭院空间通常不大，天井用作采光，并且较小的垂直空间有利于热气流上升，起到散热降温和通风效果。

●建筑高度大多只有一两层，但每层的室内高度高，有利于建筑内部的通风散热。

●建筑的间距比较近，屋檐会伸出墙壁很多，这样房屋之间可以相互遮挡，增加阴影面积，减少日晒。

岭南传统民居在中国传统民居中是不可缺少的一员，它本身也包含了多种类型，主要有：广府民居、潮汕民居和客家民居，以及近代城市传统民居。

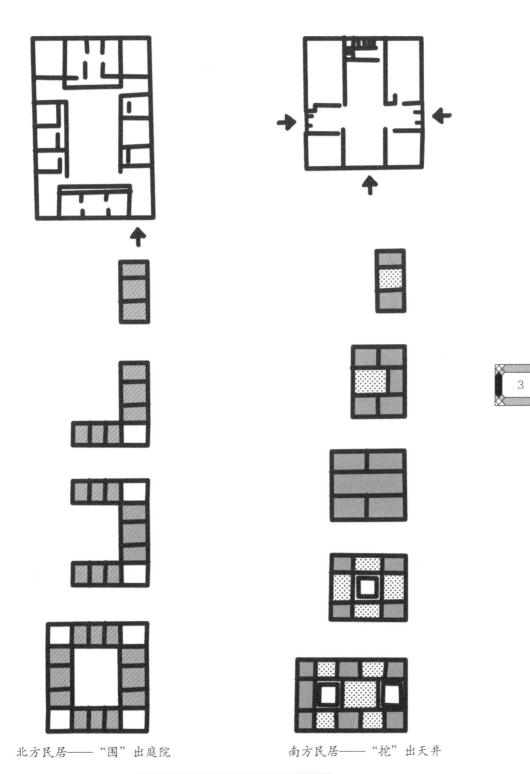

北方民居——"围"出庭院　　　　　南方民居——"挖"出天井

北方与南方传统民居的比较示意图

3

房屋建筑的左右两边墙的上端与前后屋顶间的斜坡，构成一个三角形，像古体的"山"字，故称"山墙"。古代建筑很多都有山墙，它的作用主要是与隔壁的建筑隔开和防火，所以也称防火墙。

甲骨文的"山"　　　金文的"山"

民居山墙在不同地区叫法各有趣味，如徽派建筑呈阶梯状的"马头墙"、福州地区的"马鞍墙"、宁德福安地区的"观音兜"、湘西地区的"猫拱背"、佛山地区的"猫耳墙"、潮汕地区的"厝角头"等。有人总结福建省、广东省和台湾地区的山墙为"五行山墙"，以规格形式多、纹饰精美闻名。

"五行山墙"顾名思义，是以五行"金、木、水、火、土"五种样式来构造及装饰山墙，大概是根据风水学对山的评述定义山墙的规格。通常由风水先生视环境决定山墙的选用，比如周围的山形多为"火形"，那么山墙就采用"水式"，取"水火相克"之意；一般"火式"多用在宗祠家庙，取"家族兴旺"之意。

"五行山墙"中"火式"广泛存在于福安和长乐一带（闽南的燕尾脊也可以归入这类），"木式"在潮汕地区最普遍，"水式"常见于广东客家地区和福建平潭、福清，"金式"是闽南地区的惯用方式，"土式"在台湾新竹最为常见。

下面我们就一起来走进几个有代表性的岭南传统民居吧！

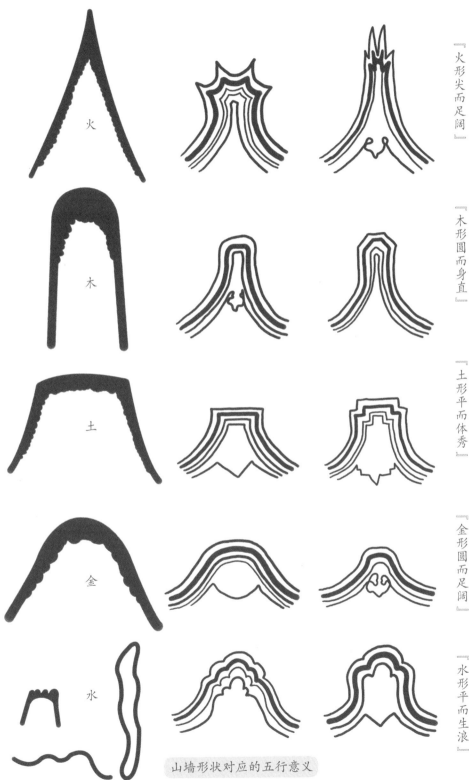

火

木

土

金

水

『火形尖而足阔』

『木形圆而身直』

『土形平而体秀』

『金形圆而足阔』

『水形平而生浪』

5

山墙形状对应的五行意义

  广府民居最典型的形式叫"三间两廊",也叫"金字屋",常见的还有"明字屋",以及由它们组合出来的天井院落式民居。目前传统民居在市内很难见到,但城郊农村还保留有不少。

  "三间两廊"是岭南传统民居最基本的形式,它的历史可追溯到广州近郊出土的汉墓陶屋。

  它的平面呈对称的三合院布局,主座建筑三开间,前面带两间廊屋和天井。普遍为单层,厅堂居中,两侧为房,天井两旁称为"廊"的分别是厨房和杂物房。

汉墓出土的陶屋

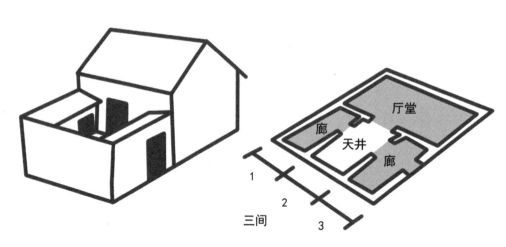

"三间两廊"("金字屋")构成示意图

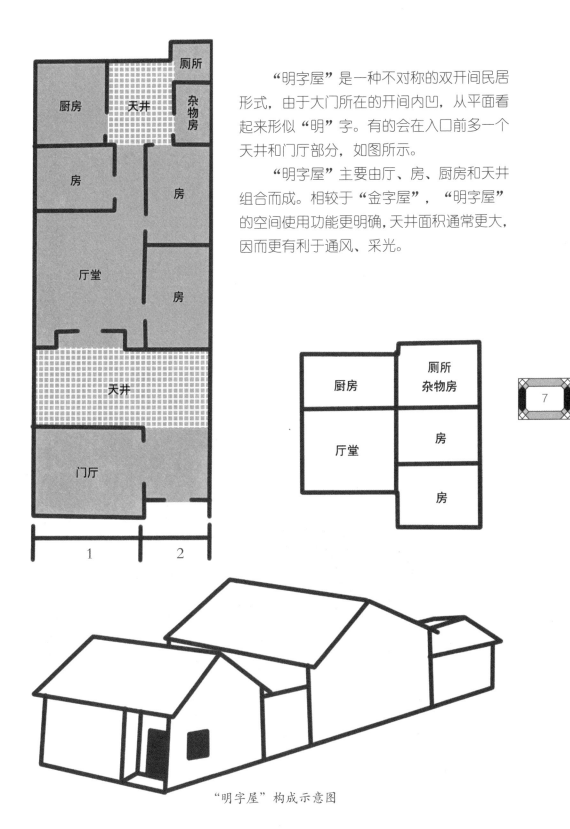

"明字屋"是一种不对称的双开间民居形式，由于大门所在的开间内凹，从平面看起来形似"明"字。有的会在入口前多一个天井和门厅部分，如图所示。

"明字屋"主要由厅、房、厨房和天井组合而成。相较于"金字屋"，"明字屋"的空间使用功能更明确，天井面积通常更大，因而更有利于通风、采光。

厨房　天井　厕所　杂物房

房　房

厅堂

房

天井

门厅

1　2

厨房　厕所 杂物房

厅堂　房

房

7

"明字屋"构成示意图

陈家祠——广府建筑特色集中地

陈家祠位于广东省广州市荔湾区中山七路恩龙里 34 号，原名陈氏书院，是清末广东省七十二县的陈氏宗族合建的祠堂，与书院合一，是多重院落式的广府民居代表。陈家祠在 1988 年被评为第三批全国重点文物保护单位，现在是广东民间工艺馆。

都说陈家祠"集广府建筑特色于一屋中"，到底它有哪些广府特色呢？

　　陈家祠坐北朝南，采用"三进三路九堂两厢"的配置，以中轴的厅堂为主体，两侧是偏厅，外围由八段廊道围合，形成六个相互关联的庭院，组成一个多重院落的建筑群体。每进建筑横向相连，每路建筑由青云巷隔开，由长廊相连，六院与八廊互相穿插。

　　陈家祠布局疏密有致，建筑高低大小变化多端，空间通透性强，这样的空间布局有利于通风散热，很能适应岭南地区潮湿、炎热的气候。

1. 前厅（门内设精美木雕屏风）

2. 塾台（门廊左右的高台）

3. 穿廊

4. 月台／露台

5. 中堂／聚贤堂

6. 中堂东厅（小客厅）

7. 天井（地面铺石板）

8. 后堂

9. 后堂东厅

10. 后堂西厅

11. 巷尾房（贮藏用）

12. 东横屋

13. 东斋

14. 西斋

15. 西横屋

16. "人"字形封火山墙

17. 屋脊（布满彩色灰塑和石湾陶艺）

18. 第一进东西厅（外墙各有三幅精美砖雕）

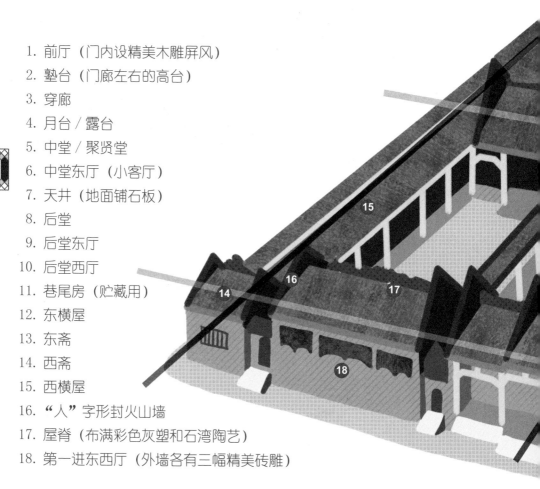

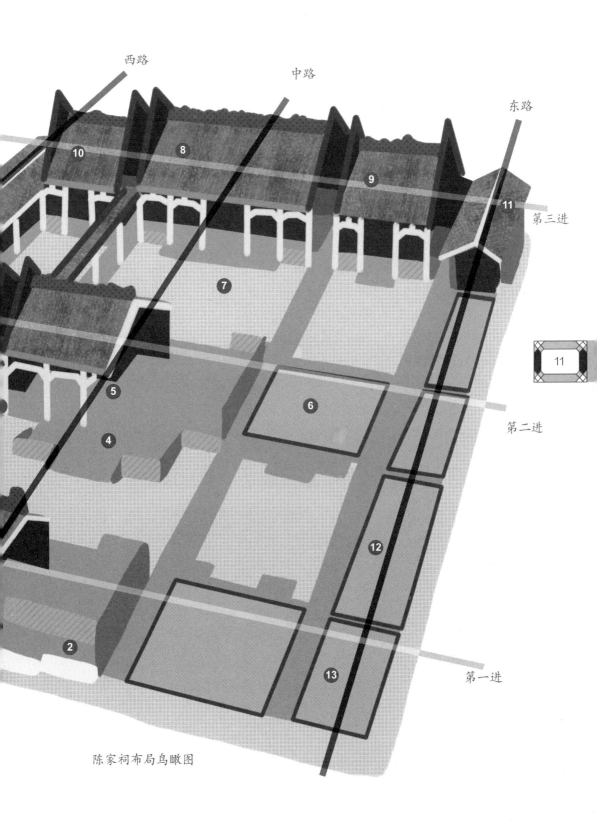

西路

中路

东路

第三进

10

8

9

11

11

第二进

7

5

6

4

12

2

13

第一进

陈家祠布局鸟瞰图

　　陈家祠的布局中轴对称，体现了严谨的宗族伦理秩序。中轴线上的重要建筑有头门、聚贤堂（中堂）和后堂。

　　整个建筑群最核心的地方 ——聚贤堂，位于整个祠堂的中间，曾经是陈氏族人举行春秋祭祀和议事聚会的地方。聚贤堂前方带有月台（建筑前方突出的平台），整体空间开敞，巨大的黑色柱子整齐排列。

聚贤堂外观

聚贤堂内部

第一进东西厅外墙各有三幅精美砖雕

头门的木雕

雕饰精美

精美的木雕、石雕、砖雕与屋脊上的石湾陶塑装饰，是陈家祠的特色，这些装饰艺术反映了清代广东最高水平的民间工艺。

聚贤堂内的木雕

屋脊上精美的石湾陶瓷装饰

穿廊柱子

陈家祠穿廊的柱子受到西洋建筑风格的影响，采用柱身细长的铸铁圆管柱，这样能让视野较宽广、通透，让横向的庭院更加连通，增添气派感。

15

中庭（第二进院落）空间的穿透感

潮汕人把房屋叫做"厝"。潮汕民居比较典型和基本的形式是"下山虎"【"門（门）"字形】和"四点金"（"口"字形），也可以说是三合院和四合院。其他形式多以"四点金"为基本单元组合发展而成，比如"百鸟朝凰""三壁连"和"驷马拖车"（下文的许驸马府会详细介绍）等格局。

"下山虎"类似广府民居中的"三间两廊"形式，也是三开间，不同的是它的三开间在屋后；入口是一个小过厅而不是主厅，连接天井；两侧的空间是房。

"四点金"是从北方四合院发展而来的，"四点"指四角的四个房间。它两侧的厅在打开的时候能作为廊，闭合的时候能当做房间，实现空间多功能的使用。

此外，潮汕民居的装饰通常十分华丽，从下文的许驸马府以及己略黄公祠等潮汕民居代表中可见一斑。下面就来见识一下其中的许驸马府吧！

16

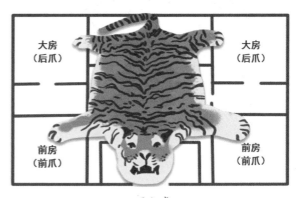

下山虎

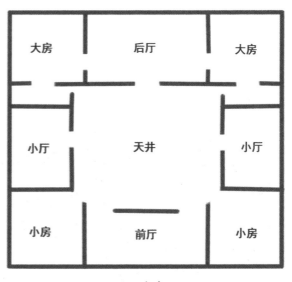

四点金

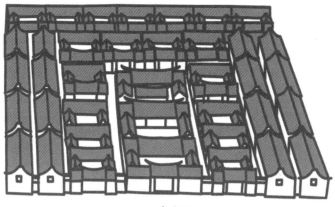

百鸟朝凰

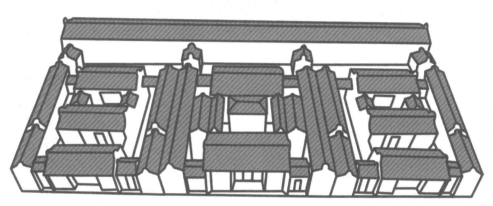

三壁连

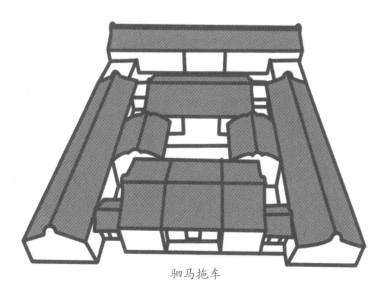

驷马拖车

许驸马府——驷马拖车

许驸马府始建于北宋英宗治平年间（1064—1067），距今有950多年历史，位于广东省潮州市湘桥区中山路葡萄巷东府埕4号。

驸马，是中国古代帝王女婿的称谓。

府，也叫府邸，指贵族官僚或大地主的住宅。

顾名思义，"许驸马府"就是一位许姓驸马的住宅。

这位"许驸马"是谁呢？他是宋太宗曾孙女德安公主之婿许珏。

许驸马府历代进行过多次维修，占地面积2450平方米，近似于"驷马拖车"的建筑格局。整座建筑结构严谨，古朴大方。许驸马府至今仍较好地保留了宋代的平面格局及风格，被专家誉为"民间唯一的驸马府"和"国内罕见的宋代府邸建筑"，在1996年就被列为全国重点文物保护单位。

许驸马府有"三件宝"，分别是S形排水系统、石地栿和竹编灰壁，也是典型岭南民居特色的体现，具有很高的历史研究价值。

下面一起来许驸马府看看它的"三件宝"以及其他特色吧！

◀ 照壁 ▶

照壁，其实就是一堵墙壁，位于建筑正门前方的一段距离处，像镜子一样"照映"着大门。通常在祠堂、庙宇、府邸等级别比较高的建筑大门前会有半月形水池或者照壁，有风水上、生活上的考量，也有缓冲的作用，避免人一下子就靠近建筑本身。

许驸马府大门前方就是一面照壁，和府邸的正立面等长，十分壮观。这面照壁是一堵夯土墙，很坚固，至今依然屹立不倒，与许驸马府一起见证着历史的变迁。

许驸马府正门及前方照壁

◀ S形排水系统 ▶

许驸马府从大门至后厅，高度差达 1.28 米，一级级向上增加，取"步步高升"之意。水流先汇聚在天井，通过天井的排水孔，从正厅绕过后厅再流向前厅，这一设计巧妙地使 S 形排水系统 950 多年来从未堵塞过。

天井的排水孔

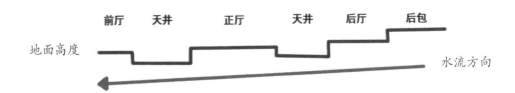

从踏进许驸马府的第一步开始，每经过一个门，都要把脚抬得很高才能跨过门槛，明显感觉到门槛之高，倍感驸马府的威严。

石地栿是位于地面及墙脚的石条，作为石阶、门槛。

许驸马府的石地栿是当年"国师"根据潮州湿热的地理气候特点专门为它量身定制的，这些石料都经过精挑细选，体块很大，常常一级台阶就是一整块石头。

石地栿有着重要的作用：

- 石头防潮，垫在木头下面能保护木柱、木门板等。
- 稳固，能防震、抗震。
- 方便在施工中准确地进行水平定位。

随处可见的石地栿

竹编灰壁

竹编灰壁是用竹片和竹篾编制墙体，再浇和泥土、贝壳灰筑成。这样建造的墙体虽然很轻薄，厚度只有2—3厘米，但却省工又俭料，有利于散热，并且隔音效果也很好。这是南方地区特有的墙壁，也是许驸马府的一大特色。

竹编灰壁

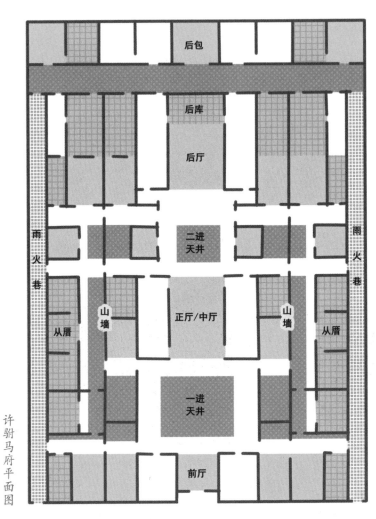

后包

后库

后厅

二进天井

雨火巷

雨火巷

从厝

山墙

正厅/中厅

山墙

从厝

一进天井

前厅

22

许驸马府平面图

从厝小院

二进天井

后包

围屋/从厝

一进天井

正厅/中厅

"驷马拖车"格局

"驷马拖车"是一种大型的复合单元，主体为三进五开间，以大厅堂为中心置于中轴线，两侧是雨火巷和从厝（也叫围屋）。雨火巷和从厝比门面墙壁伸出二至三间房，就是马车手。

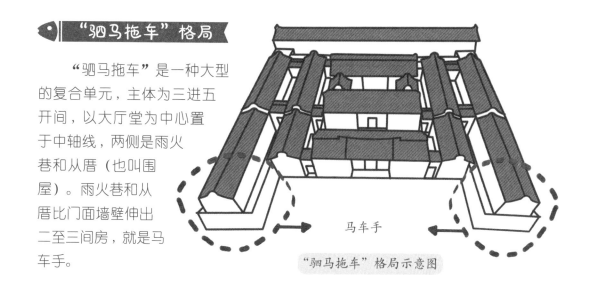

马车手

"驷马拖车"格局示意图

许驸马府的格局并不是严格的"驷马拖车"，它没有两只"马车手"，并且"驷马拖车"厅堂两边各有两重从厝，而它少了一重从厝。不过，这些并不影响许驸马府成为一座潮汕民居典范。

许驸马府鸟瞰图

客家人的房子

客家人的典型居住形态是聚族而居，衍生出的民居形式多样，比较有代表性的是围龙屋（枕头屋）、土楼（围楼）、杠屋以及几种类型的组合样式等，这与客家人聚居地的地形复杂多样有关。

客家民居的主要特点是建筑面积大，里面房屋众多，并且结构严谨，建筑牢固坚实，巷道、天井、沟渠和主要的门框、窗框通常用坚硬的花岗岩铺砌，带有很强的防御功能。

每一处客家民居就像一个社区，里面功能齐全，能防范祸乱、抵抗盗匪，也能防火、防洪。在楼内生活的人基本都是同一个姓氏，彼此之间有着辈分关系与亲情，一旦哪家有难，全楼的人都会竭尽全力救助。

围龙屋／枕头屋

围龙屋通常建在山坡上，由前部的半圆形水池、中部的若干条横竖组合的长方形房屋和后部的半圆形（马蹄形）围屋组成。围龙屋的房间隔成扇形通常用作厨房和杂物房，正中间的叫"龙厅"。

枕头屋和围龙屋整体相似，不同的是后部的围屋弧形变成"一"字长条形。

围龙屋——梅州市丘氏棣华居

土楼／围楼

广东的客家土围楼有圆形、方形，还有八角形（八卦形），通常有1—3环，中心是空地。

土楼／围楼——梅州市花萼楼

杠屋——梅州市继善楼

杠屋

这是客家民居中比较简单的一种类型，因为它的房屋纵向排列，像杠杆一样，所以叫"杠屋"。有的杠屋建成多层楼房形式，叫"杠式楼"，一般最少有两杠，多至八杠。

组合式

有的大家族中孩子成家后会在祖屋旁修建居宅，形式可类似也可不同，形成组合式的大型客家民居。

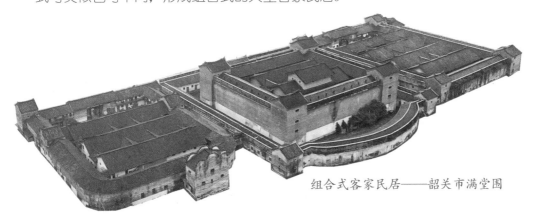

组合式客家民居——韶关市满堂围

丘氏棣华居 ——围龙屋代表

丘氏棣华居位于广东省梅州市梅江区西阳镇摆白宫新联村，是旅印尼华侨丘宜星、丘添星兄弟建的，建成于 1918 年，在 2002 年被公布为广东省文物保护单位，是客家民居的一个典型代表。

"棣华"取自《诗经·小雅》中"棠棣之华，鄂不韡韡？凡今之人，莫如兄弟"，指棠梨树上花开繁茂，兄弟手足情深，表达的是一种家族和睦的思想。

下面一起走进棣华居欣赏它的客家围龙屋特色吧！

棣华居平面格局分析图

第一杠　　第二杠　　第三杠　　　第四杠　　第五杠　　第六杠

典型的围龙屋——客家民居的代表

棣华居坐东北向西南，背山坡而建，屋后的山坡俗称"屋背头"或"屋背伸手"。中轴对称，是一座三堂、四横、一围龙的典型客家传统围屋。

"三堂"——中轴线上的三个堂屋，分别是下堂、中堂和上堂，都是五开间。

"四横"——位于两边、方向垂直于堂屋的四条房屋。

"一围"——在整个房屋后部呈"∩"马蹄形的围屋，用作厨房和杂物房，正中的一间叫做"龙厅"。"围龙屋"这个名字就是源于围屋部分。

棣华居顺应前低后高的地势而建，雨水能通过高低差自然汇聚到屋前的水池中。建筑主要由门楼、堂屋、横屋和围屋组成。屋前有长方形禾坪（因主要用来晒谷而得名）和半月形池塘。各屋之间有天井，围屋后种植了一排柏树作为"封围树"，与屋前的水塘呼应，形成前有水塘后有山林的风水格局。

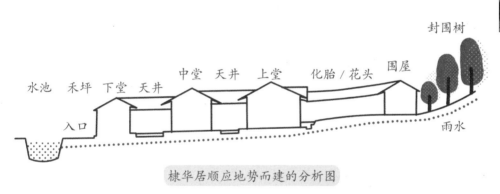

棣华居顺应地势而建的分析图

化胎／花头有寓意

上堂与围屋之间的半月形庭院空间，俗称"化胎"或"花头"，是从当地的客家话音译过来的。

这块地面不仅倾斜成坡面，还呈抛物线拱面，像龟背，有长寿不老的意思；又像女人怀孕隆起的肚子，象征着生命的孕育。铺面通常镶嵌卵石块，当地有俗话说，鹅卵石铺得越多后代的福气越大。

花萼楼——土围屋代表

花萼楼位于广东省梅州市大埔县大东镇联丰村，建成于明万历三十六年（1608），在 2002 年被公布为广东省文物保护单位。

这个圆形的土围楼设计精巧、结构独特，显示了客家人圆满、团结、平均、平等的生活理念，是目前广东土围楼中规模较大、设计较精巧、保存较完整的民居古建筑之一。

花萼楼坐西北向东南，是一个圆形土楼，一共由三环围成，彼此连为一体，形成一个相对独立的居住空间，是客家民居中土楼的典型代表。

花萼楼现状

墙体高厚、坚实

三楼的窗洞可见墙体之厚

花萼楼外墙的墙基有 2 米厚，下宽上窄，先用大块石头垒砌约 1.2 米高，再用条石砌约 1 米高，最后再在上面打 1 米高的土壁。外墙总共三层，层内加开两个半层，高约 11.9 米。外墙的第一、二层不开窗，第三层才开。第二、三层还设有枪眼、炮眼。

高厚、坚实的土楼外墙不仅可以确保楼内冬暖夏凉，同时也能有力地防御外来袭击。

大门坚固

大门是土楼唯一的出入口，门框用宽厚、坚硬的花岗岩铺砌。

大门

生活设施一应俱全

花萼楼生活设施一应俱全，大门一关，在楼内生活数月都不是问题。尤其里面有一条宽 1.2 米的环形回廊，确保在危难时刻能发挥"一家有难，八方相助"的集体力量。

土楼除了圆形的，常见的还有方形，也有其他形状，比如潮州市的道韵楼是八角形（八卦形）平面，比较特别。

花萼楼内景

上围（上新围）

中围（中心围）

　　满堂围位于广东省韶关市始兴县隘子镇，始建于清道光十六年（1836），耗时24年，被誉为"岭南第一大围""粤北第一民宅"等。建设者是富甲一方的豪绅官乾荣。现在居住在满堂围的就是官氏的后人。

　　粤北客家人是我国南方闽粤汉民族中重要的民族分支，他们的祖先在北方中原氏族的历史大迁徙中由北向南逐步迁徙，多在交通闭塞的东南沿海山区聚集定居，至今仍保留了部分中原的语言、礼仪习俗和生活方式。

　　满堂围是组合式的客家围楼，由三个单元组成，从左到右依次为上围（上新围）、中围（中心围）、下围（下新围），各单元有各自的正门，既可分开使用也可合并。各围平面呈"回"字形，两侧横屋对称排列。三围并列相连，占地面积有13000多平方米，气势磅礴。

下围（下新围）

　　满堂围内有 3 个祠堂，14 个天井，777 间住房，最高有四层。这里可住数百人家，功能齐备，即使被敌人围困也能自给自足一段时日。大围内有寝室、厨房、储粮室、杂物间、厕所、牲畜栏舍、粮仓、水井、大院、祠堂和议事厅等，街道相互连接，交通方便，简直像一个小独立王国。

　　从大分类来说，三个围都属于方形角楼，其中上新围是枕头屋格局，中心围是方土楼和围龙屋组合，下新围是围龙屋样式。

中心围

①	
②	③
④	

①上新围祠堂
②上新围后包
③中心围内部天井
④水井

完美的防御系统

　　客家人是外乡移民，一来常会与原住民发生土地山林、语言习俗等纠纷；二来易受盗匪祸害，因此客家围屋的建设特别注重防御。

　　● 满堂围整座围的外墙厚 2—4 米，为夹心墙，高大坚固。

　　● 墙体外围屋面均建有箭廊道和箭墙，可以居高临下打击来敌。

　　● 外墙很少开窗，每面墙都设置多个枪眼和观察孔，窗洞内大外小，平面呈梯形。

　　● 方形围楼，转角建有角炮楼，保证整个外围无射击死角。

　　● 大门重重加固，坚实无比，门顶建有储水池，可制止外人火烧围门。

角炮楼　　　　枪眼　　　　窗洞

观察孔和枪眼　　　箭墙

五道门

进入中心大围，必须要走五道门。

第一道门是铁皮厚木板门，第二道门是十一根横木栅栏，第三道门是七块厚木板。因为前面三道门都是木制的，为了防止火攻，便在第一道门的上部留了三个注水口，可从二楼往下注水，以防止火攻。第四道门是最坚固的一道门，由十一根铁棍横栅组成，而且每根铁棍都有一块预制的铁板，非常坚固。第五道门当年叫"平安逍遥门"，我们现代叫纱窗，用来挡蚊子的。因此进入满围堂素有过五关斩六将的说法。

五道门

城市的房子

　　近代以来，广州城市中具有典型岭南特色的传统民居建筑主要有：竹筒屋、骑楼和西关大屋。这三种建筑的形制之间有一定关联，它们体现出的岭南特色，基本都源于相似的背景，主要包括自然条件、社会环境以及文化背景。

　　竹筒屋可以说是广州城市传统民居的一个起始，出现在 19 世纪的广州。当时广州的工商业发展很快，城市人口迅速增加，土地供不应求，地价上涨，于是出现了节约用地并且方便建造的竹筒屋。

　　骑楼是竹筒屋的一种变形，主要区别是首层沿街面有部分架空在人行道上，外观装饰带有明显的西洋风格。这是岭南城市中典型的服务于商业发展的建筑。

　　西关大屋是有钱人家在西关即荔湾区一带修建的宅邸，建筑形制上通常是由两个或以上竹筒屋组合而成，也可以说是广府传统多进天井院落式民居在城市中的转型。

荔湾区昌华大街

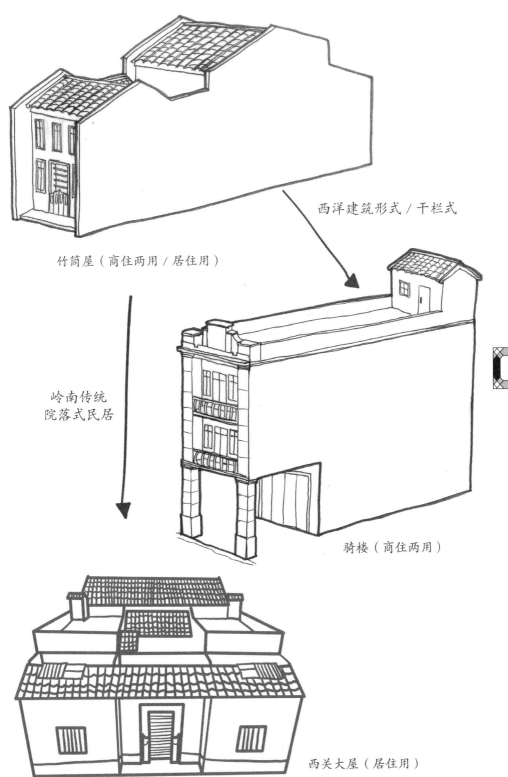

竹筒屋（商住两用 / 居住用）

西洋建筑形式 / 干栏式

岭南传统
院落式民居

骑楼（商住两用）

西关大屋（居住用）

竹筒屋——窄条原形

荔枝湾畔的竹筒屋　　　　　荔枝湾内巷的竹筒屋

竹筒屋是在城市极速发展下适应岭南自然环境的产物，它只有一个开间，门口临街的宽度狭窄，从前到后有多个房间连续排列。因为它形似一节节的竹子，所以被叫做竹筒屋，在潮汕地区被叫做"竹竿厝"。

沿主街（荔枝湾）的竹筒屋

荔枝湾的竹筒屋

永庆坊的竹筒屋

　　在内巷的竹筒屋通常为纯粹的居民住宅。沿主街的竹筒屋通常首层临街的厅堂作为商铺使用，这和骑楼的空间使用相同。

　　相邻的竹筒屋共用墙体，沿着街巷紧密排列，这种设计有利于节约土地。

竹筒屋的基本构成

比较完整的竹筒屋一般分为前、中、后三个部分。前部为大门和门（头）厅；中部为大厅，内设夹层作为神楼，大厅为单层，较高，厅后为房；后部为房和厨房、厕所。三个部分以天井隔开，以廊道联系。

有些竹筒屋为了节约楼梯面积，左右两户共用楼梯成为并联竹筒屋形式。

● 厅堂　● 厕所

● 房间　● 天井

● 厨房

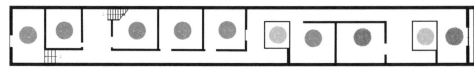

一层平面图

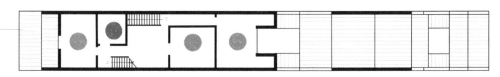

二层平面图

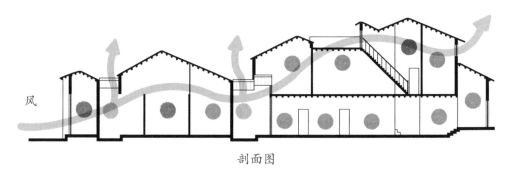

风

剖面图

广州文德南路厂后街某宅（改绘自陆琦《广东民居》）

入口

并联式竹筒屋典型平面图

狭窄的长条状空间

竹筒屋狭窄的开间，有利于减少太阳辐射，隔街相对的竹筒屋相互遮挡能形成遮阳体系，使街道阴凉。

小天井，六作用

竹筒屋的通风、采光、排水及交通问题主要靠天井和巷道解决。竹筒屋大多有一两个天井，进深越长的竹筒屋天井也越多。因为两侧共用墙体，能开窗的只有前后两面墙，所以窗户很少，要解决采光和通风问题就必然需要使用天井。

空间有层次

竹筒屋的室内高度较高，通常达四五米，因此可以设夹层和楼梯来增加垂直空间的层次：一般是大门为单层，后部为两层，中部大厅高约一层半。这种屋面前低后高的设计，有利于通风散热。

骑楼 ——窄条进化形

这种建筑因首层前部空间有部分架空成走廊，横跨在人行道上，二层以上的部分像是"骑"在第一层上面，所以被称为"骑楼"。

其他多雨、湿热的城市地区也有类似的建筑。在台湾地区叫"街屋"，在新加坡等东南亚国家叫"店屋"（Shophouse）或"五脚基"（Five Feet Base，源于当地法例规定骑楼一层退缩的宽度为5英尺，约1.5米）。

民国初年，广州政府大力推动骑楼建设，制定了骑楼的基本章法（柱距4米，进深4米，净高5.6米），由屋主按该章法自行设计建造。骑楼通常为二至四层，首层为商店，二层以上作住宅，这种商住模式在香港被称为"下铺上居"。

骑楼的基本构成

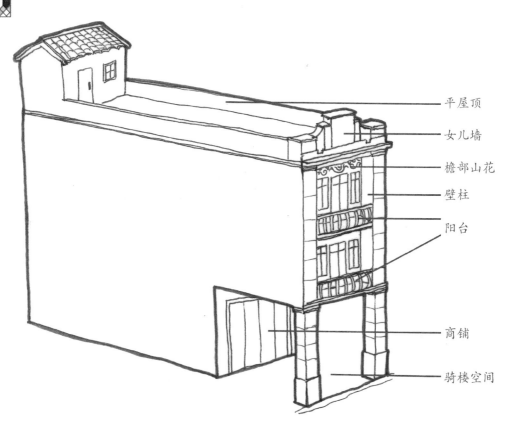

平屋顶

女儿墙

檐部山花

壁柱

阳台

商铺

骑楼空间

龙津西路 55 号

龙津西路"满园春"

长条状空间

骑楼内部空间的设置类似竹筒屋,厅堂、房间、厕所、厨房依次排列,中间以天井隔开。骑楼是竹筒屋"前店后铺"模式在城市中最经济实用、科学合理的变形。

连续排列

骑楼在城市中一般沿主要道路连续排列,首层空间串成贯通的人行道,能为行人遮烈日、挡风雨,营造良好的购物氛围,对吸引顾客、增加营业额很有帮助。

中西合璧的装饰风格

临街的骑楼带有中西合璧的装饰风格。广州受海外文化的影响较大,骑楼的外观装饰自然也吸收了很多西洋建筑的元素,产生多种风格。

43

龙津西路骑楼

岭南城镇地区最常见的骑楼类型是单开间骑楼，能灵活适应不同大小的用地，对土地的利用率高。双开间骑楼也很常见，有更大的店铺面积，内部空间的布局也更灵活，甚至可分成独立的两部分使用。

单开间

双开间

恩宁路的骑楼

一些百货公司、酒店、银行和邮局等商业大户会使用多开间的骑楼（≥三开间），这样可以形成较大规模的商贸空间。广州著名的多开间骑楼代表有爱群大厦、长堤新华大酒店、万福路 114 号等。

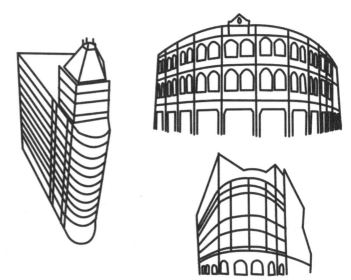

①	②
	③

①爱群大厦
②长堤新华大酒店
③万福路 114 号

骑楼的架空特色与包括我国南方地区以及东南亚等湿热多雨地区常见的干栏式建筑有相通之处，和檐廊式沿街店铺看起来也颇有渊源，同时和西方敞廊式建筑的形式又有类同。

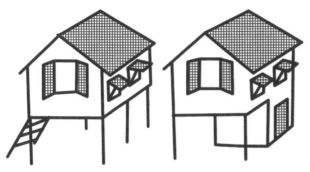

干栏式建筑

　　指首层整体或部分架空的构造形式。架空部分通常用来饲养牲畜，上层作为居住使用。

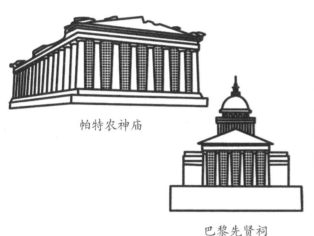

帕特农神庙

巴黎先贤祠

西方敞廊式建筑

　　最早典型代表是帕特农神庙，是西方古希腊时期就开始在建筑风格中出现的一种建筑形式。这类例子数不胜数，如巴黎的先贤祠、卢浮宫的柱廊等。

檐廊式沿街店铺

　　这种建筑在中国最早出现在宋代。一开始通常是各店在自家店铺外搭建屋棚，后来逐渐发展为沿街面的连续屋檐。

西关大屋 ——窄条组合形

西关大屋是富商和洋商买办等新兴富豪在广州西关地区即今天的荔枝湾一带兴建的宅邸，是近代广州城市中较大的民居建筑形式。

近代以来，西关因靠近广州城区，凭借区位优势，加上水陆交通发达，成为广州重要的商品集散地，商贸活动十分繁盛，富商们开始在此买地建宅，产生了西关大屋这种民居建筑形式。

 西关大屋的基本构成

西关大屋多为一或两层，主立面大多向南，可以看做两间及以上的竹筒屋的并列，有许多竹筒屋的特色，如进深大、空间布局紧凑、主要利用天井进行通风和采光等。

西关大屋的典型布局是"三边过"，就是主立面由三个开间组成。有些是"五边过"和"七边过"，有的还带有具备岭南园林特色的后花园，如龙津西路逢源大街21号的小画舫斋。

西关大屋的一侧或两侧设有小巷，俗称"青云巷"，取"平步青云"的意思。小巷狭长阴凉，兼具交通、通风、采光、防火、排水等功能，所以也有"冷巷""水巷""火巷"等名字。

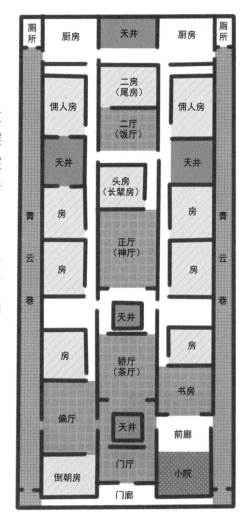

西关大屋首层平面图
（改绘自陆琦《广东民居》）

小画舫斋

今天很多西关大屋已经被改建得面目全非，但目前还保持较为完整的西关大屋大多位于荔枝湾的西关大屋民俗馆、西关大屋建筑保护区以及永庆坊一带。

逢源北街 87 号西关大屋
（现为荔湾博物馆）

内巷的竹筒屋及西关大屋

西关大屋的装饰、装修富有特色，材料和做工都很讲究。"三件套"大门是最有名的，还有满洲窗、满周窗等。

大门"三件套"

西关大屋和竹筒屋的大门都采用"三件套"，也叫做"三重门"，从外到内依次设置有四折的矮脚门（也叫吊扇门、花门）、趟栊门（开为"趟"，合为"栊"）和厚重的双开硬木门。西关大屋正间大门以及部分竹筒屋大门带有石门框，门洞凹进，俗称"回"字形石门洞。

矮脚门

矮脚门款式多样，装饰性很强。当木门打开通风的时候，矮脚门能够遮挡行人的视线，具有保护隐私的功能。

趟栊门

"回"字形石门洞

由十多条直径约8厘米粗的圆木横架组成，可以滑行拉开、合上，具有防盗安全的作用，外人不能进、小孩不能出，同时又不会影响采光和通风。

双开硬木门

趟栊门之后的双开木门一般都非常厚重，有利于防盗。

满洲窗与满周窗

满洲窗

顾名思义，这是从北方满族传过来的一种窗户类型。一般是方形，图案丰富多样，镶嵌彩色玻璃，制作工艺十分复杂。它本身的打开方式是上下推拉，但现在制造的"仿满洲窗"通常是两扇左右打开的形式。

满周窗

"满周"是沿周边以内全部面积的意思，也就是说在需要开窗的那面墙体，除窗框外其他部分都能开窗。满周窗可以最大限度地采光，也可以最大限度地散热。大面积开窗利于风压和热压通风，把室内热量带出室外。

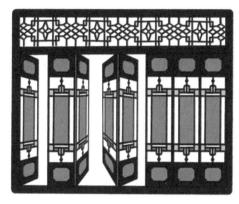

外墙

西关大屋的外墙底部通常贴白色花岗岩石板和大青砖，具有防潮作用，也很美观。墙体由青砖砌筑，用糯米饭拌灰浆填缝，十分坚固。

钱币状的去水孔

作为富商的宅邸，西关大屋除了精美讲究的装饰装修能体现出"财富"以外，连一些不起眼的细节也不放过，比如把去水孔设计成钱币状。

华侨的房子

什么是碉楼?

在岭南,乡间自古就有"炮楼"这类防御建筑。近代以来,结合侨胞带入的西洋风格,岭南侨乡地区出现了一种特别的民居——碉楼,因为外形像碉堡而得名。

碉楼最主要的特色和作用是防卫,同时也兼顾居住。碉楼的建筑艺术十分讲究,是融合中西建筑智慧于一体的岭南乡土建筑。开平碉楼群在2007年被列入《世界遗产名录》。

碉楼在哪里?

碉楼的分布主要集中在广东江门一带。江门过去下辖五个县市,分别是开平、台山、恩平、新会和鹤山,所以又称五邑。广东是著名的侨乡,五邑可以说是其中最为突出的,几乎"户户有华侨,家家是侨眷"。

为什么会出现碉楼这种建筑？

　　从 19 世纪末 20 世纪初开始，整个中国社会动荡不安，加上岭南地区匪患猖獗、水患灾害严重，对建筑的防御功能要求提高。

　　一些受西方文化影响较深的华人华侨把西方建筑工艺带回家乡，为碉楼的建设提供了技术支持。而大量的侨资侨汇是碉楼得以出现的强大经济后盾。

51

开平市自力村碉楼群
（谭伟强摄，开平市博物馆提供）

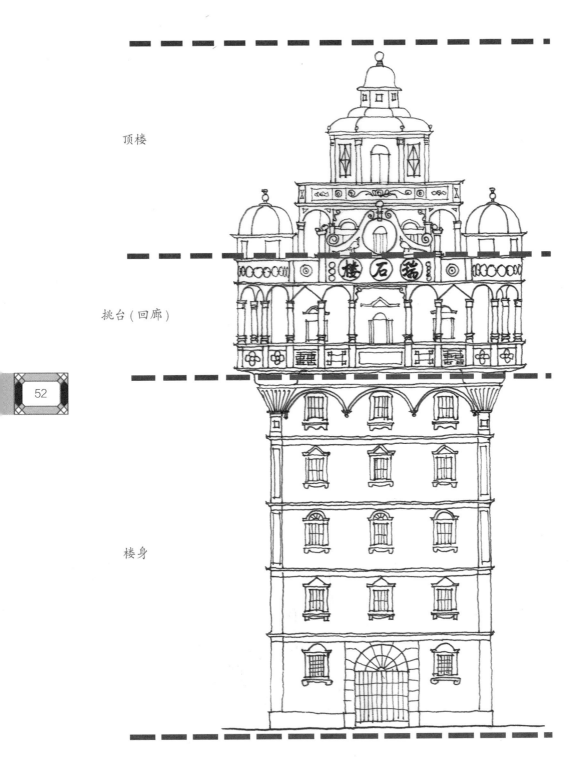

顶楼

挑台（回廊）

楼身

碉楼大致由楼身、挑台（回廊）和顶楼三个部分组成

开平市锦江里碉楼群（谭伟强摄，开平市博物馆提供）

防御性能高

碉楼基本都是单体建筑，防卫功能的特色在碉楼建造设计上的体现有：门窗窄小，铁门钢窗，墙身厚实，墙体上设有枪眼（长方形或"T"字形），顶层多设有瞭望台，有的还在顶层四角建设突出楼体的角楼（俗称"燕子窝"，也叫望楼、角堡），从上面的枪眼可以居高临下对碉楼进行全方位的控制。

中西合璧，风格类型多样

碉楼建筑在风格上有中西交融的特点，这也是岭南侨乡特质的一种反映。华侨旅居国外，往往在"衣锦还乡"后，将所见所闻所学应用在碉楼的建造中。

主人和工匠凭自己的主观审美将不同文化的建筑元素融合到一栋建筑中，似乎有些不伦不类，但不得不说这是岭南侨乡人民富有创造力的体现。

从外观风格来看，碉楼大致可以分为中国传统式、天台式、欧洲中世纪堡式、罗马柱廊式、中亚伊斯兰寺院式以及折中式等几种风格。

中国传统式

早期常见的碉楼形式，一般没有挑台，采用中国传统坡屋顶，有的在角部有角楼。一般用砖、夯土或石墙承重。这类碉楼保存状况比较好的不多，典型代表要数迎龙楼了。

天台式

特征是有女儿墙的平屋顶，一般带有角部或四周出挑的平台。有的还在屋顶天台的中央设置了凉亭。防水的平屋顶是受到西方建筑和近现代建筑技术影响的产物，屋顶结构为钢筋混凝土屋面板。

中亚伊斯兰寺院式

往往出现在比较大的碉楼中，典型特征是在顶部中央有一个较大的穹隆顶，在碉楼四角有比较高耸的角楼，有的甚至达到三层高。

欧洲中世纪堡式

主要借鉴欧洲中世纪城堡转角的圆柱形堡垒，以及城堡中部攒尖式建筑顶部造型组合。

罗马柱廊式

典型特征是顶部有一圈一层或两层的柱廊，柱与柱之间用拱券相连。

折中式

这种碉楼是多种风格的组合结果，在碉楼造型中所占比例最大。丰富多彩的外观，反映了碉楼很多时候是由地方工匠按照主人意愿，并结合实际技术情况，再加上自主构思的结果。

①迎龙楼	②铭石楼	③马降龙古村落	④雁平楼
	⑤宝树楼	⑥天禄楼	

①②③吴就量摄，开平市博物馆提供
④⑥谭伟强摄，开平市博物馆提供
⑤开平市文物局摄，开平市博物馆提供

岭南园林建筑

居住建筑部分

园林部分

苏州拙政园

　　园林是中国传统建筑不可缺少的一类，代表了中国人对居住环境的思考。它种类丰富，比较广为人知的有皇家园林、江南园林和岭南园林等。皇家园林最著名的代表有颐和园以及被毁坏的圆明园等，它们面积广阔、规模宏大，就像大型度假公园一样。

　　江南园林和岭南园林都是中国传统私家园林的代表，不同的是，江南园林的造园面积相对大很多，通常以园林的空间设计为主，建筑在园林中是陪衬、点缀，还往往会把居住建筑与园林分开设置。江南园林最常被提起的有苏州的拙政园、狮子林和沧浪亭等。

而岭南园林的造园面积通常比较小，往往将建筑和园林结合，布局紧凑。设计上的特色是以建筑空间为主，常常通过建筑的设置包围出庭园空间，注重庭园的实用性，将游园赏景等休闲活动融入日常起居场所。

　　现在保留下来的岭南传统园林基本是明清时期建的，其中顺德清晖园、东莞可园、番禺余荫山房和佛山梁园被誉为"岭南四大园林"。岭南园林有很多共通的特色，请在接下来的介绍中仔细观察哦！

居住建筑与园林交织在一起

顺德清晖园

东莞可园——连房广厦

可园位于广东省东莞市莞城区可园路 32 号，始建于清代，面积不大，但设计精巧，把住宅、客厅、庭院、书斋等富有艺术性地结合在一起，亭台楼阁、山水桥树、厅堂轩院，应有尽有，可以说是"五脏俱全"。建筑和风景相互关联，高低错落、处处相通、曲折回环，"连房广厦"又密而不紧，加上摆设小景清新文雅，很有岭南特色。

可园的创建人名叫张敬修，辞官还乡后修建了可园，正门处"可园"二字就出自他之手。

2001 年，东莞可园被公布为第五批全国重点文物保护单位。

下面先来看看可园长什么样子吧！

60

★本节照片由东莞市可园博物馆友情提供　　　　可园旧园区

可园正门

可园主体庭院鸟瞰图

可园博物馆

可园各部分名称

1. 园区入口
2. 门厅（正门所在）
3. 擘红小榭
4. 草草草堂
5. 环碧廊
6. 邀山阁
   （底层为可轩，又名桂花厅）
7. 双清室
   （又名亚字厅）
8. 湛明桥、曲池
9. 绿绮楼
10. 问花小院

11. 壶中天
12. "博溪渔隐"
13. 钓鱼台
14. 雏月池馆（船厅）
15. 可亭
16. 可堂
17. 拜月亭
18. "狮子上楼台"
19. 滋树台
20. 听秋居
21. 葡萄林堂
22. 可湖

可园（园区部分）航拍图

	攀红小榭
门厅	湛明桥、曲池
可轩	雏月池馆（船厅）
壶中天	可堂
可亭	

可园局部鸟瞰——"连房广厦"

在布局设计上，可园依循中国传统园林的设置，坐东北朝西南，但特别的是，它的设计是岭南园林的一种典型布局——"连房广厦"，也就是房屋围绕庭园建造，并用曲折的游廊连接各建筑，营造出了视线开阔、观感舒畅的空间效果。可园很好地展现了"小中见大"的园林布局手法。

环碧廊

博溪渔隐

环碧廊是环绕可园的长廊，它把可园各组建筑连通起来，而且防晒遮雨，方便人们在园内自由活动，无需顾虑天气。

"博溪渔隐"是傍湖的通道，是临湖设计的游廊，从这里可饱览可湖的湖光秀色。

建筑在排布上有着前部低矮后部逐渐增高、前部稀疏后部紧凑的特点，布局疏密有致、高低错落。

建筑"前低后高"可以让风不被遮挡，尽可能吹入每座建筑，而"前疏后密"的排列有助于让吹入的风尽可能停留在园中，将湿热的空气不断"赶走"。

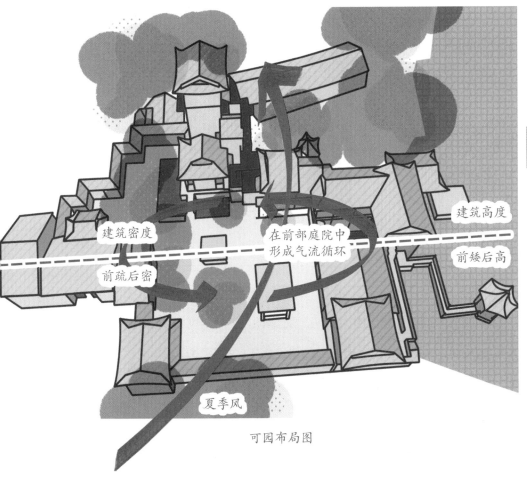

可园布局图

可园中有不少的多层建筑，这在中国传统园林中并不常见，因此可园有一个"楼起天外"的标签。

邀山阁取"邀山川入阁"之意，是当年主人休闲娱乐赏景的地方，是园中最高的建筑，也是全园的构图重心。总共有四层，首层是可轩，也叫桂花厅。邀山阁底层前面有双清室烘托，侧面有曲廊和平台陪衬，一点也没有高耸的孤立感。

双清室取"人境双清"之意，它四个角都设有门，出入灵活，很适合举办宴会。

邀山阁和双清室

绿绮楼是因为曾经收藏有唐朝遗物绿绮台琴而得名，虽然现在琴不在里面，"绿绮"这个名字却保留了下来。

绿绮楼

装饰运用几何图案与明丽色彩

可园建筑的装饰融入了不少西洋元素，运用了简洁的几何图案，比如双清室，它的平面形状、窗扇装修、地板纹样都是"亞"字形，也叫"亚字厅"。

双清室（亚字厅）

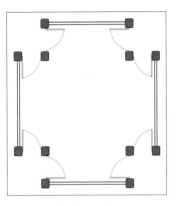

"亞"形平面

在室内看双清室的玻璃

岭南庭园惯用的套色玻璃，在可园也得到了普遍采用。可园建筑的窗扇往往由红、绿、蓝、黄颜色的玻璃镶嵌，色彩缤纷，给室内外空间增加了光影的变化。

余荫山房 ——玲珑天地

余荫山房位于广州市番禺区南村镇北大街，始建于清代，是举人邬彬的私家花园。邬彬的两个儿子也是举人。现在的余荫山房分为两部分，一个是邬彬归隐故乡后修建的旧园区，南面紧邻一座名为"瑜园"的小园子；另一个是2006年扩建的文昌苑景区，包含邬彬及其子的祠堂。

"余荫"意思是：承蒙祖宗的保护庇佑，才有今日及子孙后世的荣耀。园内植栽丰富，阴凉幽静，也体现了"余荫"的意境。

余荫山房的旧园区小巧玲珑，浓缩了岭南园林和西方园林的特色。从2001年起，旧园区成为第五批全国重点文物保护单位。

下面一起来了解余荫山房旧园区的面貌吧！

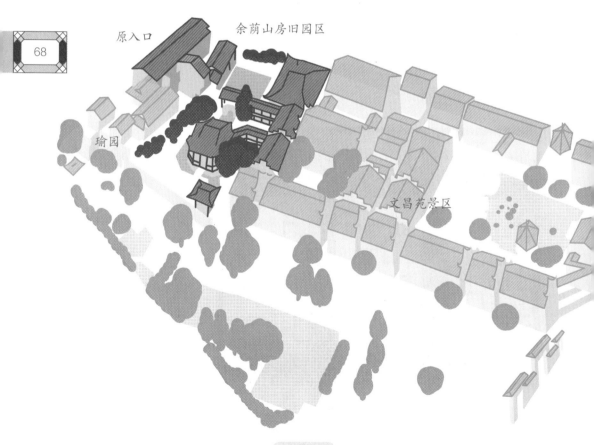

余荫山房

余荫山房旧园区园门

　　余荫山房旧园区的园门现在关闭了，门厅之后有一个小天井，组成一个
清雅幽静的小院落。

吸收西方几何元素

　　余荫山房以水居中，由两个形状规整的水池并列组成水庭园，各个建筑物分布于水池的周边。

　　这种规整的几何形状是受到西方园林的影响，在栏杆、雕饰等建筑细节的装饰上也能看到几何图形的运用。

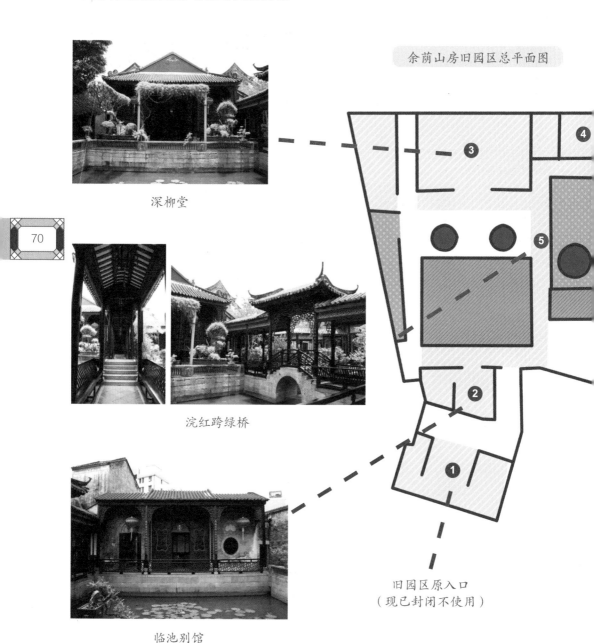

深柳堂

浣红跨绿桥

临池别馆

余荫山房旧园区总平面图

旧园区原入口
（现已封闭不使用）

余荫山房以"浣红跨绿"拱廊桥为界划分东、西两个景区，形成"园中有园"的格局。

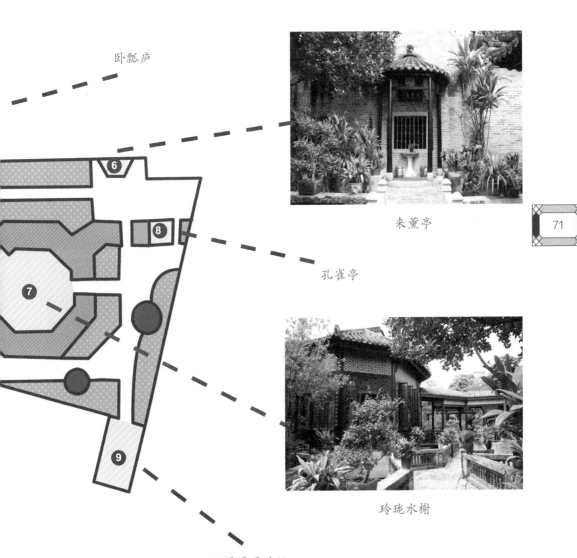

卧瓢庐

来薰亭

孔雀亭

玲珑水榭

旧园区原后门

71

余荫山房初始建造的旧园区面积小，在设计上格外注重视觉上的穿透感，使得漫步其间的游人在有限的空间中不感到局促，能有心旷神怡的享受。

屹立在八角水池上的玲珑水榭，八面都有开口 ——窗或门，而且可以全开，从各个角度都能看到室外景色，真是一个"八面玲珑"的建筑！

玲珑水榭	西	东
	东南	西北

浣红跨绿拱廊桥从东、西两边看长度不一。从西向东时，视觉因有远端的玲珑水榭作为视线焦点，凸显方池格外开阔；而从东往西望时，视线通透，让人有种桥后是无限天地的感觉。

从西向东望拱廊桥　　　　　　　　从东向西望拱廊桥

框景如画

　　余荫山房每个门洞、窗口，都值得驻足观赏，因为都是别致的风景，就像一幅幅带框的画。这是园林设计中一种常见的视觉手法——框景。

原入口小院的门洞　　　　　　　　卧瓢庐的窗

旧园原后门连接园中庭院的门洞

矮墙与游廊结合的设计

余荫山房通过矮墙分隔室外小空间的景致，同时又不会影响视线。通过游廊连接各个建筑及庭园，形成流畅的游线。这大概就是常听到的"一步一景"的示范吧。

矮墙

游廊

深柳堂室内

余荫山房旧园区的室内装修有浓厚的岭南特色，雕刻精美，装饰丰富，材料的选用上别具匠心。彩色玻璃的使用让室内光线的色彩变化丰富。

卧瓢庐室内

75

除了常用的彩色玻璃，还有蚝壳。 蚝壳运用在原入口门厅的门扇上，不仔细看还以为是变旧变脏的糊窗纸或者磨砂玻璃呢。蚝壳是岭南地区常用的材料，比如"蚝壳墙"，但这样大面积运用在门窗上还比较少见。

透过蚝壳"玻璃"照射进室内的光线显得非常柔和，给整个空间带来一种宁静、安详的气氛。

门厅和门扇运用蚝壳当"玻璃"

清晖园 —— 绿云深处

　　清晖园位于广东省佛山市顺德区大良镇清晖路，原为明代状元黄士俊府第，到了清代黄氏家道中落，庭园荒废。乾隆年间，进士龙应时购得。园门上"清晖"的扁牌是江苏书法家李兆洛题写的，取自诗句"谁言寸草心，报得三春晖"。

清晖园近年来多次扩建，现存的旧园区从 2013 年起被评为第七批全国重点文物保护单位。

下面一起来走进清晖园吧！

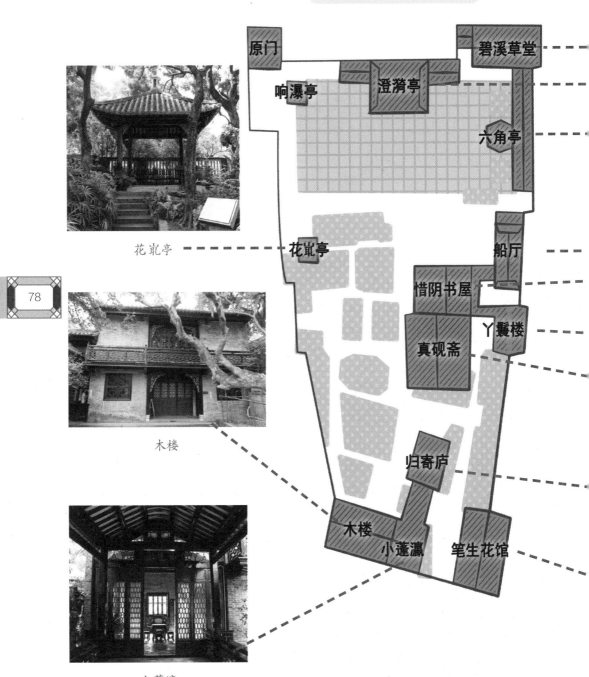

清晖园旧园区总平面图

原门

碧溪草堂

响瀑亭

澄漪亭

六角亭

花㽅亭

花㽅亭

船厅

惜阴书屋

真砚斋

丫鬟楼

木楼

归寄庐

木楼

小蓬瀛

笔生花馆

小蓬瀛

澄漪亭

碧溪草堂

惜阴书屋

六角亭

船厅

真砚斋

丫鬟楼

笔生花馆

归寄庐

　　清晖园原园可以分成南、中、北三个部分，通过水池、院落、花墙（有镂空的矮墙）、廊道、建筑连接，形成各自相对独立又相互关联的空间。

　　清晖园为适应岭南湿热的气候，坐东北朝西南，采用前部稀疏后部紧密、前部低矮后部增高的布局，这样有助于引入夏季凉爽的西南风，同时遮挡冬季寒冷的东北风。进门设置的一方水池，能在夏季西南风经过时起到降温效果，使得进入园内的风更加清凉。

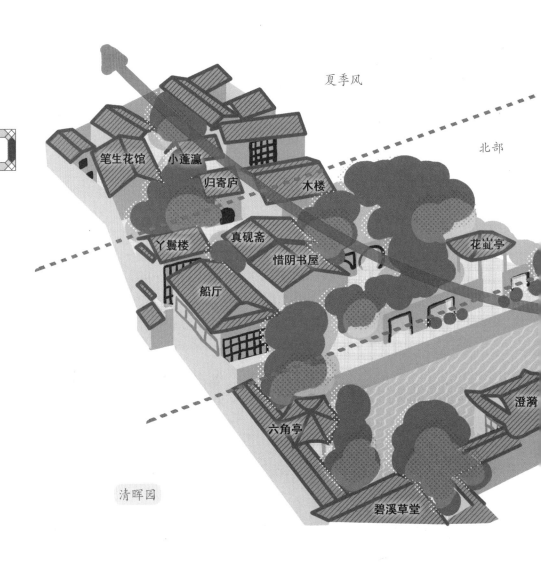

南部水池

中部建筑及院落

中部

南部

原门

北部建筑及院落

　　清晖园在设计上也很注重视觉上的穿透感，这是岭南传统园林的一个共通点。这样的穿透感除了在视觉上让人舒畅，更是有利于通风、采光，十分适合湿热的岭南地区。

从原入口进入后向左望

连接澄漪亭和碧溪草堂的游廊

从真砚斋向外望

从游廊望向六角亭与碧溪草堂

从六角亭向外望

从澄漪亭向外望

从连接碧溪草堂和澄漪亭的游廊向外望

从木楼门口望向室内

花躔亭四面均能观景

梁园 —— 石比书多

梁园位于广东省佛山市禅城区松风路先锋古道 93 号，始建于清代嘉庆年间，是当地诗书画名家梁蔼如、梁九章、梁九华、梁九图叔侄四人所建的私家园林。

梁园主要由群星草堂、汾江草庐、十二石斋、寒香馆等组成。造园者巧妙地将住宅、祠堂、园林和谐地结合在一起，建筑玲珑而不失典雅，砖雕、木雕、石雕、灰塑琳琅满目，尤其是石景很丰富，有浓郁的岭南特色。

最出名的群星草堂为梁九华所建，由草堂、客堂、秋爽轩、船厅和回廊组成，每一个建筑都精巧别致，引人入胜。

梁园鸟瞰图

从西向东看
群星草堂局部

群星草堂石庭

群星草堂正厅

群星草堂北廊

岭南学宫建筑

学宫类似官方建筑，有着固定的规格。在总体布局上，岭南的学宫和中国其他地方的学宫几乎没有区别。

学宫最初的角色是作为祭祀中国古代伟大教育家孔子的场所，是历代封建王朝尊孔崇儒的礼制建筑，有点像庙，所以最初叫"孔庙"。

后来，孔庙逐渐衍生出"学习""考试"的功能，被叫做"学宫"，综合原本的"祭祀"角色，也被称作"学庙"。具有"学庙"性质的孔庙产生于唐代，当时，唐太宗下诏各地建孔庙、兴儒学，为中央培养科举人才。孔庙一般位于各地的府、州、县城中心区域，是一个地方的文化地标。

学宫的主体建筑是大成殿，就是"庙"的部分，用于祭祀孔子，也是重要的集会场所。教学的主体建筑是明伦堂，也就是"学"的部分。一般根据大成殿和明伦堂的位置关系来确定"庙""学"的布局，主要有这几种：左庙右学、右庙左学、前庙后学、后庙前学、中庙左右学。无论是哪种形制，学宫在总体布局上总是以纵轴线为主、横轴线为辅，把庙、学作为一个整体。

右庙左学

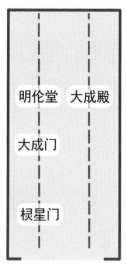

左庙右学

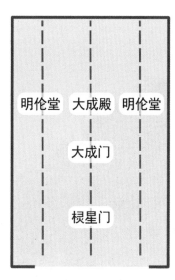

中庙左右学

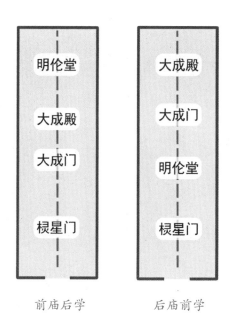

前庙后学　　　　后庙前学

"庙""学"基本形制示意图

番禺学宫位于广州市越秀区中山四路 42 号，是广州市现存的唯一学宫，也是岭南地区具有代表性的明清时期的学庙建筑。

在 1961 年，它以广州农民运动讲习所的名字成为第一批全国重点文物保护单位。

总体布局

鼎盛时期的番禺学宫规模宏大，分为左、中、右三路，最重要的中路主要有照壁、棂星门、泮池拱桥、大成门、大成殿、崇圣祠和尊经阁；左路主要有儒学署、明伦堂、光霁堂、名宦祠；右路主要有节孝祠、训导署、忠义孝悌祠、射圃和乡贤祠等。

现在的番禺学宫除中路建筑以及左路的明伦堂、光霁堂外，其他建筑已不存在了。

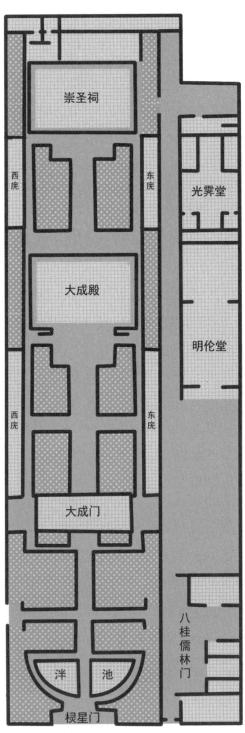

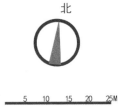

北

5 10 15 20 25M

番禺学宫总平面图

从泮桥上望大成门

　　时光穿越到民国 15 年（1926），当时的番禺学宫被改作农民运动讲习所，由毛泽东同志主办。学宫内，三百多名来自全国各地的学生，济济一堂，在此上课学习，探讨革命，场景热烈。

大成门

广府彩塑

大成门屋脊

整座学宫在细节上非常讲究。各式各样的装饰活跃于屋脊之上，给严肃的学宫增添了许多鲜活的色彩，突出了岭南广府彩塑的特色。

仔细看看大成殿正脊，是学宫中唯一有突出龙形彩塑的横脊，琉璃脊饰二龙戏珠，陶塑题材丰富，还含有文字。

文如壁造
（屋脊陶塑为广东佛山石湾镇文如壁所造，是岭南著名的民间传统陶艺）

福禄寿

大成殿梁架

大成殿建在1米多高的台基上，四周围绕着石栏杆，大成殿内部一些构件仍保留明朝时期的做法。

大成殿原为奉祀孔子的主殿，现在经常在大成殿做一些爱国主义教育主题的展览。

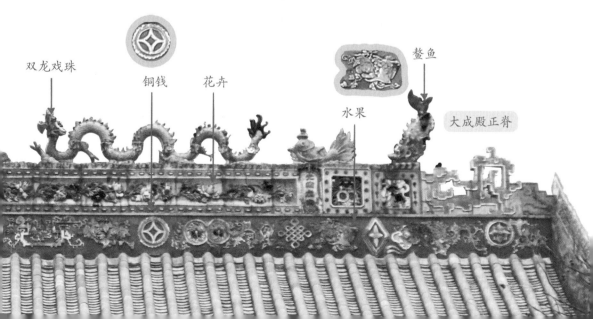

双龙戏珠　铜钱　花卉　鳌鱼　水果　大成殿正脊

揭阳学宫位于广东省揭阳市榕城区韩祠路口东侧，呈典型"庙学一体"的学宫布局，它是目前岭南地区保存规模最大和格局最完整的学宫建筑，在 2013 年被评为第七批全国重点文物保护单位。

揭阳学宫的发展历程比较清晰地被记录在揭阳的县志中。

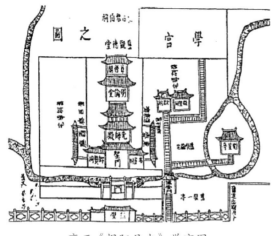

雍正《揭阳县志》学宫图

在清代雍正时期以前，中路建筑基本完善，有照壁、棂星门、圣门、先师殿、明伦堂和尊经阁。东路建筑有启圣祠、文昌祠、土地祠及训导署等，最东侧建有奎星亭。西路建筑仅有训导署。前面河流与泮池相通，并有儒学门沟通内外。

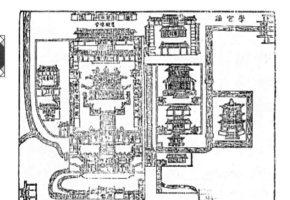

乾隆《揭阳县志》学宫图

清代乾隆时期，学宫重建，中路基本保持原格局。学宫东西路建筑作了较大的变动与扩建，东路加建了崇圣祠、文昌阁、书院等建筑，西路加建了忠义祠。

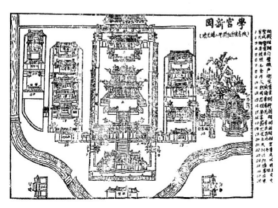

光绪《揭阳县志》学宫新图

清代光绪二年（1876）学宫一共四路，其中最重要的中路有：照壁、石栏杆、棂星门、泮池、大成门（包括名宦祠、乡贤祠）、大成殿、东西庑、东西斋、崇圣祠、尊经阁。

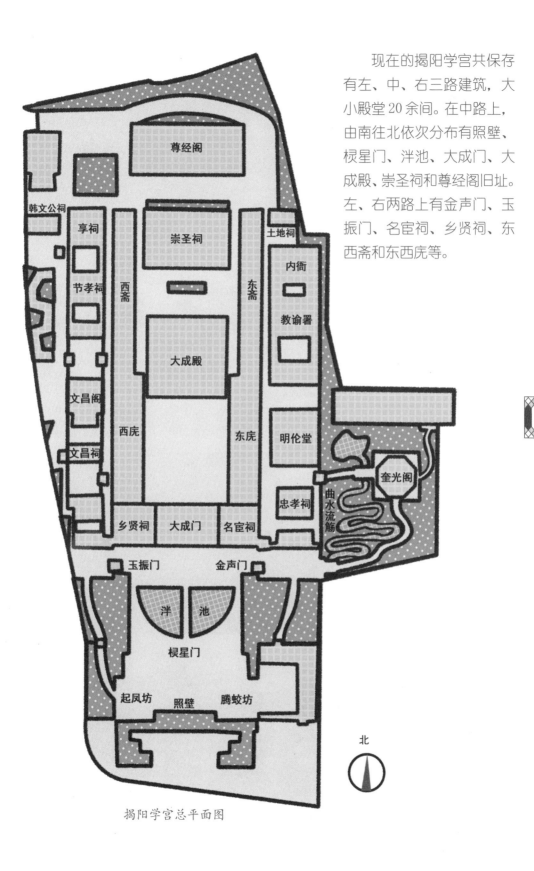

现在的揭阳学宫共保存有左、中、右三路建筑，大小殿堂20余间。在中路上，由南往北依次分布有照壁、棂星门、泮池、大成门、大成殿、崇圣祠和尊经阁旧址。左、右两路上有金声门、玉振门、名宦祠、乡贤祠、东西斋和东西庑等。

尊经阁

韩文公祠

享祠

崇圣祠

节孝祠

西斋

东斋

土地祠

内衙

教谕署

文昌阁

大成殿

文昌祠

西庑

东庑

明伦堂

奎光阁

曲水流觞

忠孝祠

乡贤祠

大成门

名宦祠

玉振门

金声门

泮　池

棂星门

起凤坊

照壁

腾蛟坊

北

揭阳学宫总平面图

泮池

大成殿

照壁

棂星门

木雕盘龙柱

　　大成殿共有石柱 36 根，全为花岗石圆形梭柱（梭形的柱子，上下两端或仅上端收小，柱身整体呈平缓的圆弧），中间四根金柱各有一条木雕盘龙，对向回舞盘旋，各捧宝珠，神态逼真，尾部卷于大梁，衬得金柱矗立高大。木构架做工精细，用材考究，具有典型的清代后期潮汕殿堂式建筑的特色。

大成殿梁架

大成殿室内

　　大成殿的屋顶具有潮汕地区典型特征，整体轻巧活泼，风格独特。重檐歇山顶屋面坡度平缓舒展，上层屋面前后各增加两条垂脊，屋面分成三个部分。最上方的正脊高大，装饰采用潮州传统工艺 ——嵌瓷（运用各种彩色瓷片剪裁镶嵌于建筑物上，起到装饰作用）。正脊中间为宝珠，两边为鳌鱼。两侧山墙五行属火，山墙上绘祥云红日。

①	
②	③

①大成殿屋面
②梁头垂花
③大成殿屋檐

岭南宗教建筑

105

岭南地区有数量众多、类型多元的宗教建筑。佛教寺院宏伟幽深；道教宫观仙气飘隐；伊斯兰教、基督教这些外来宗教的建筑，富有异域风情，遵循原有类型建筑制度之外，又融入岭南的地域特色。

"佛祖"的殿堂

东汉末年佛教经海路传入广东，受到大多数封建统治者的大力支持，人们开始热衷于修建佛教寺院。

其中，光孝寺是广东有史料记载年代最早的佛教建筑，与六榕寺、海幢寺、华林寺并称为"广州四大丛林"（级别比较高的寺庙），又与曲江南华寺、潮州开元寺、鼎湖山庆云寺并称为"广东四大名刹"。

"神仙"的殿堂

道教是中国的本土宗教，于西晋时期传入广东。岭南地区道教建筑数量很多，规模多小于佛教建筑。

广州典型的道观有三元宫、纯阳观和五仙观等。沿海地区多崇拜妈祖，天后宫或妈祖庙随处可见。岭南西江一带祭祀龙母娘娘，德庆悦城龙母祖庙是所有龙母庙中最宏大最壮丽的一座。

"阿拉"的殿堂

广东其实是伊斯兰教传入最早的省份，但伊斯兰教建筑数量不多。唐宋时期伴随着阿拉伯商人、士兵、阿訇（读hōng，指伊斯兰教的传教士）在广东、福建等沿海地区的商贸、布道等活动，伊斯兰教传入广东，至今已有1300多年。

广州的伊斯兰教建筑有怀圣寺、濠畔街清真寺和小东营清真寺。

"耶稣"的殿堂

岭南地区有着对多元文化十分包容的地域特征。作为近代中国基督教传入和发展活动的重点区域，岭南为教堂建筑的产生和发展提供了广阔空间。

1583年，传教士利玛窦来到广东，基督教面临的是以"儒释道"为核心的强大的中国传统文化，于是在建设教堂时，选择了中西合璧的方式。

但到了19世纪末，在殖民主义的浪潮下，巴黎外方教会把几乎完全西式的圣心大教堂直接建于广州，虽然也有采用当地的传统建造技术，但对本土民众内心的震撼是极大的。

下面一起走进岭南各方神灵的殿堂吧。

光孝寺"今志全图"（引自民国大良版《光孝寺志》）

"未有羊城，先有光孝"

光孝寺位于广州越秀区光孝路109号，是岭南年代最古、规模最大的一座名刹，在中国佛教史及中外佛教文化交流史上有着重要的地位。广州民间流传有"未有羊城，先有光孝"的俗语，虽不可确定，但表明了光孝寺的悠久历史和显赫地位。

舍宅为寺

光孝寺址最早是西汉南越国第五代王赵建德的住宅。三国时，吴国贵族虞翻得罪孙权被流放南海，来到这里讲学。当时，这里被称为"虞苑"，因为苑中种植了诃子树，又被称为"诃林"。虞翻去世后，家人捐宅为寺，取名为"制止寺"。

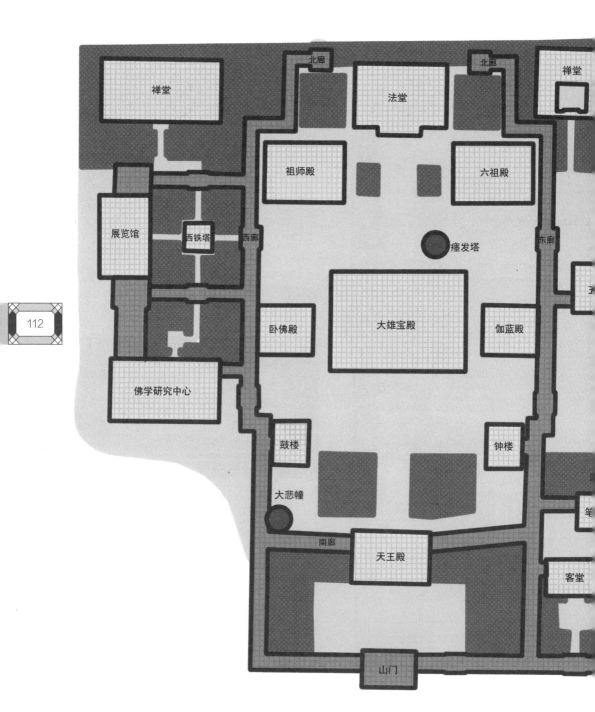

禅堂

北廊

法堂

北廊

禅堂

祖师殿

六祖殿

展览馆

西铁塔

西廊

瘗发塔

东廊

卧佛殿

大雄宝殿

伽蓝殿

佛学研究中心

鼓楼

钟楼

大悲幢

笔

南廊

天王殿

客堂

山门

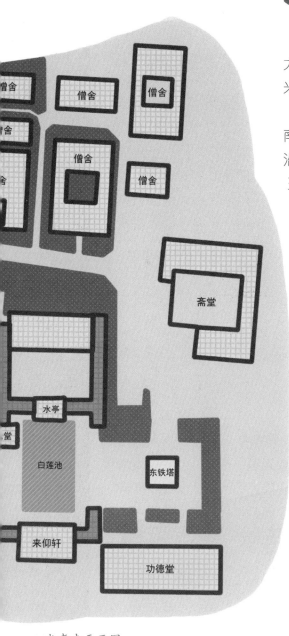

僧舍

僧舍

僧舍

僧舍

僧舍

斋堂

水亭

白莲池

东铁塔

堂

来仰轩

功德堂

光孝寺平面图

过去的光孝寺占地广阔，规模宏大。现在的光孝寺占地 31000 多平方米，较鼎盛时期占地面积大为缩小。

光孝寺的总体布局，突出体现了南方地区大型佛寺"园林式"的特点，沿南北中轴线布置有山门、南廊、天王殿、大雄宝殿、六祖殿；东侧有钟楼、伽蓝殿、客堂、法堂、斋堂、东廊、洗砚池、洗钵泉、东铁塔、白莲池；西侧有鼓楼、卧佛殿、大悲幢、西廊、西铁塔及碑碣石刻。光孝寺整体上仍保持着唐宋寺庙廊院式布局的特色，寺内空间恢弘，殿宇栉比，古树婆娑，环境幽雅。

六祖像碑

六祖惠能

六祖惠能（638—713），广东新兴县人，中国禅宗大师，在世时主要在岭南传经说法。广东地区留有众多六祖遗迹，光孝寺是六祖剃度的地方。

风幡堂 瘗发塔

唐仪凤元年（676），惠能云游到光孝寺，混在人群中听印宗法师讲经，恰巧风吹幡动。其中一和尚说"幡动"，另一和尚说"风动"，争论不下。在人群中的惠能插话"风幡非动，动自心耳"（风和幡都没动，是你们的心在动）。正在讲经的印宗法师为之折服，此后，亲自在菩提树下为其削发。后人为纪念惠能又建了瘗发塔和风幡堂，现仅存瘗发塔。

光孝菩提

梁武帝萧衍天监元年（502），印度高僧智药三藏法师从印度带来了一株菩提树，亲自种在寺内。"光孝菩提"被誉为羊城一景。菩提树在清嘉庆年间被大风刮倒枯死。曲江南华寺曾将此树分枝移植，成活后取小枝补种回原处。

菩提树

大雄宝殿　　　瘗发塔

115

大雄宝殿既有北方官式殿堂建筑的稳重之感，又有岭南殿堂的轻盈之风，形成了岭南特有的殿堂建筑风格。

● 殿堂深度较大，因为岭南气候高温湿热，大进深可避免对室内过多的热辐射。

● 殿内部屋顶梁架，不做天花板，一切木构件外露，这种做法加强了通风去湿效果，以保持室内干爽阴凉。

● 屋顶坡度较为平缓，上下屋面较为接近，给人庄严稳固之感，又有利于抵御台风。

● 斗拱间不做隔板，体现岭南古建筑通透的特色。

116

大雄宝殿

大雄宝殿右侧廊

大雄宝殿脊饰

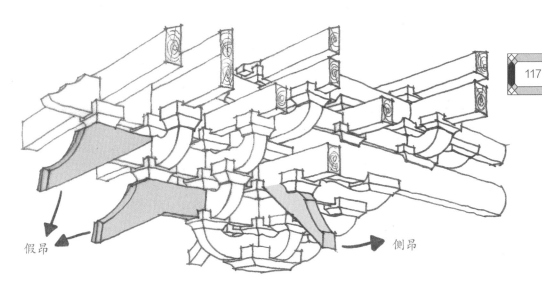

假昂

侧昂

岭南建筑因干栏建筑的遗风，屋顶较北方轻薄，屋面重量小，斗拱受力也小，所以不需要较大的真昂，而采用"假昂"来装饰。

目前这种侧面出昂的形式尚未发现有记载，暂定名"侧昂"，在国内仅发现四处。侧昂尺寸略小，加强了斗拱和建筑立面的艺术性。

伽蓝殿

重建于明弘治七年（1494），面阔三间，进深三间，歇山顶，斗拱、格扇都仿大雄宝殿所制，只是尺寸缩小，显得小巧玲珑。

伽蓝殿

六祖殿

重建于清康熙三十一年（1692），面阔五间、进深四间，单檐歇山顶，用于供奉六祖惠能。

六祖殿

建于南汉大宝六年（963），形式与东塔大致相同。清末房屋倒塌时西塔被压崩四层，现仅存三层。

西铁塔

大悲幢

建于唐宝历二年（826），高2.19米，八面刻有小楷书《大悲咒》。此幢宝盖状如蘑菇，以青石造成。四周刻有威武的力士浮雕，幢身顶上宝盖下于檐枋与角梁相交处刻出一跳华拱作为承托，为广东经幢所仅见。

大悲幢

东铁塔

建于南汉大宝十年（967），四角七级，高6.79米，塔全身铸有900个佛龛，龛内小佛像工艺精致，原塔贴金，称为"漆金千佛塔"。该塔是国内目前已知的最古、最大而且保存完整的铁塔。

东铁塔

开元寺位于广东省潮州市湘桥区开元路 32 号。当年唐玄宗崇尚佛教，昭告天下：十大州各建一大寺，以玄宗年号为寺名。唐玄宗在开元二十六年（738）下令建潮州开元寺。

大雄宝殿

总体布局

　　整座寺院保留了唐代平面布局，又凝结了宋、元、明、清各个不同朝代的建筑艺术。中轴为照壁、山门、天王殿、大雄宝殿、藏经楼、后花园，从天王殿至藏经楼，两侧有东、西长廊连接。东路有地藏阁、香积厨和伽蓝殿等，西路有观音阁、方丈室和初祖堂等，形成庞大的古建筑群。

122

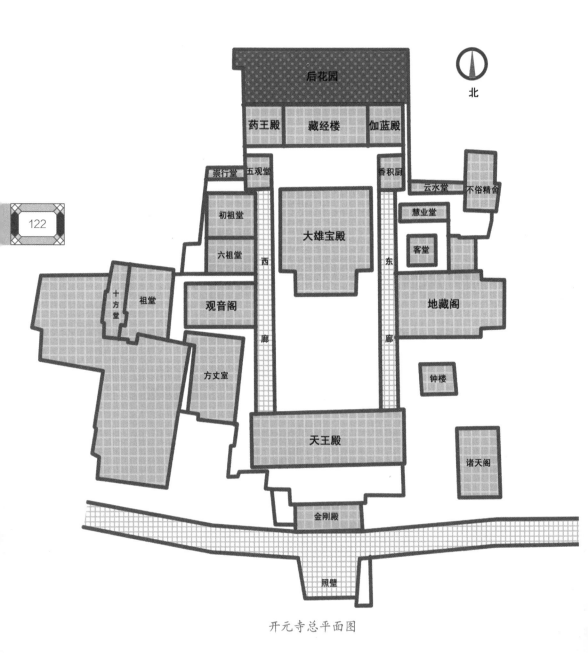

开元寺总平面图

石经幢由石雕构件叠砌而成，是开元寺始建时就砌造的，已有 1200 多年的历史，雕刻有力士、覆莲、双龙夺宝等图案。

阿育王塔为三层条石砌成的方形基座，中段是须弥座，上部的四个面各雕刻着一尊佛像，塔顶端是一个五层叠的相轮。

石经幢

阿育王塔

123

天王殿具有宋代建筑风格，旧称"仪门"，后接东西两庑廊，立面处理屋檐中部高、两侧低，斗拱高度近乎柱高的一半，这些都是早期建筑梁架构造的特点。

天王殿

天王殿最外排的柱子是木石结合的，大部分柱身为石柱——八瓣圆肚形石柱，柱础为石覆盆形状，木柱部分只在高处，能很好适应南方的潮湿气候。

木石结合的柱子

叠斗

叠斗是指在柱头或梁枋顶面使用多个斗自下而上的层叠来承托起上部结构，在竖向层叠过程中还能组合成水平方向的构件。它的功能与人体脊柱的支撑作用相似。

这种结构方式，在潮汕地区现存的传统建筑中非常普遍，是辨识度很高的地域特色做法。

最早应用叠斗的实例就是开元寺的天王殿。在柱头之上，叠着12层大斗直达屋顶，叠斗的高度和柱身的高度相近。

叠斗　　　　　　人体脊柱

南海神庙位于广州市黄埔区庙头村，是中国古代海外交通贸易史的重要遗址之一，在 2013 年被评为第七批全国重点文物保护单位。

隋唐时期，广州成为中国第一大港，是世界著名的东方港市。隋文帝下诏在广州城东扶胥镇修建南海祠，祭祀南海神，以保佑海上航行安全。

相传南海神又称祝融，是远洋航船的保护神。

南海神庙与海上丝绸之路

在隋唐时期，广州是海上丝绸之路的重要港口城市。从广州出发的贸易船队，经东南亚，越印度洋，抵达波斯湾、西亚、北非、东非等地，加强了中国同南亚、西亚、非洲及欧洲各国的交流。

在古时，南海神庙有个码头位于这条航线的重要位置上，从海路来华的朝贡使以及中外海船，凡出入广州，按例都要到庙中拜祭南海神，祈求出入平安、一帆风顺。从那时起，南海神庙香火旺盛，延续至今。南海神庙门前的石牌坊，额题"海不扬波"四个大字，寄托着出海人的心愿，寓意平安、和谐、幸福。

总体布局

南海神庙总体坐北朝南，占地近 30000 平方米。中轴线上，自"海不扬波"牌坊向后，主体建筑共五进，分别是头门、仪门、礼亭、大殿和昭灵宫（后殿）。庙西侧有小山冈，建有浴日亭。

南海神庙鸟瞰图

昭灵宫

大殿

礼亭

仪门

头门

牌坊

头门

大殿

达奚司空

波罗庙与波罗诞

相传在唐朝时，古波罗国使者达奚司空来华朝贡，回程时经广州到南海神庙，把从国内带的两颗波罗树种子种到庙中，因迷恋庙内的秀美风景，延误了返程的海船，于是他望江悲泣，举手望海，后立化海边。

按照他生前左手高举至额前遥望海船的样子，给他穿上中国衣冠，将其塑像祀于南海神庙中，封为达奚司空，后又封他为助利侯。当地村民称其为番鬼望波罗，所以南海神庙也被称作波罗庙。

南海神诞又称波罗诞，时间是每年的农历二月十一至十三，其中二月十三是正诞。每逢神诞，周边民众以及善男信女都会结伴从四面八方来到南海神庙逛庙会。

仪门碑廊

南方碑林

南海神庙内存有历代的许多碑刻，具有很高的历史、文学和书法艺术价值，故南海神庙又有"南方碑林"之称。

扶胥浴日

"扶胥浴日"曾是宋、元时期羊城八景之一，又称"波罗浴日"，是指登临南海神庙西侧小冈的浴日亭观看海上日出。唐宋时，这里三面环水，"前鉴大海，茫然无际"。

浴日亭

悦城龙母祖庙 —— 西江最宏丽的龙母祖庙

石牌楼（徐向光摄）

132

悦城龙母祖庙位于广东省肇庆市德庆县悦城镇悦城河与西江交汇处，始建于秦汉时期，清光绪三十三年（1907）重建。

　　西江沿岸城市村镇都兴建龙母庙，据统计，西江流域在民国时已有龙母庙数以千计。这些龙母庙都以德庆悦城镇龙母庙为祖，故也称"龙母祖庙"。悦城龙母祖庙是所有龙母庙中规模最大的一座，并在 2001 年成为第五批全国重点文物保护单位。

悦城龙母祖庙中轴线上的主体建筑保存完整，最前方是石牌楼，其后为山门、香亭、大殿和妆楼，中轴线旁还有附属建筑东裕堂和碑亭等。

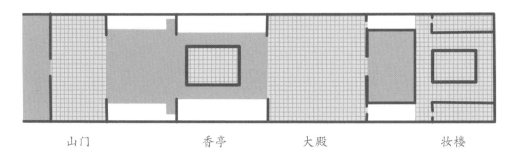

| 山门 | 香亭 | 大殿 | 妆楼 |

悦城龙母祖庙总平面图

石牌楼大致位于山门前方广场中，三间四柱五楼，高 10 米，花岗石嵌接而成。牌坊两侧各有一门直棂护栏，与牌坊大门遥相呼应，两侧门形有明显西式建筑风格，形制罕见。

石牌楼与后面的山门
（徐向光摄）

山门在石牌楼之后，上方悬挂"龙母祖庙"牌匾。硬山顶，屋面铺绿色琉璃瓦。两侧山墙为曲线形的"镬耳"式，这是典型的岭南特色。

山门（徐向光摄）

香亭在穿过山门之后就能看到，是平面为正方形的亭式建筑，屋顶有两重，盖绿琉璃瓦。香亭只有八根柱子，内外柱各四根，比通常做法省去外柱八根，并且四根外檐柱均为石龙柱，雕刻精美。

香亭（徐向光摄）

大殿内供龙母，屋面为重檐歇山顶，铺绿色琉璃瓦。大殿内空间高敞，装饰以黑色和红色为主色调。古越人以蛇为图腾，崇尚黑色，广东三大祖庙都体现了"尚黑"的传统。

中国有许多龙王庙，而唯独岭南西江一带祭祀龙母娘娘。

龙母诞朝拜盛典（徐向光摄）

技术高明的"三防"措施

防洪

悦城龙母祖庙拥有良好的地下排水系统，从妆楼、大殿、天井、山门最后到广场，逐级递降，以致整个地势稍稍向西江倾斜。龙母祖庙自清末重建以来虽遭多次洪水冲淹，但依然能屹立江边至今。

防虫

因为花岗岩柱础很高，虫蚁无法蛀蚀。同时，殿内高广，空间开阔，通风采光极好，使得庙内四季保持干爽，虫蚁不生。

防雷

从环境学上分析，龙母祖庙居高面南，前临大江，左右和后面大山环绕，是绝佳的防雷环境。

香亭金柱柱础大样图　　大殿柱础大样图

花岗岩柱础

蟠龙石檐柱（徐向光摄）

山门、香亭的蟠龙石檐柱，运用了高浮雕、透雕等手法雕刻，龙柱一体，活灵活现，龙口中的龙珠可滚动却不能取出，可以看出工艺师极高的雕刻技艺。

屋脊的陶塑产自佛山石湾，人物栩栩如生，其题材多半来源于民间传说和神话故事。

137

屋脊陶塑（徐向光摄）

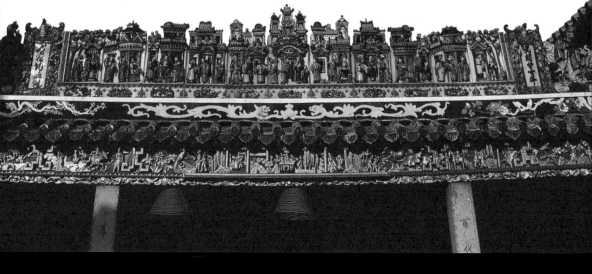

佛山祖庙 —— 北帝真武之庙

佛山祖庙位于广东省佛山市禅城区祖庙路 21 号，始建于北宋元丰年间（1078－1085），之后经历明清两代的多次重修和扩建。在明代曾被封为"灵应祠"，在光绪年间（1875－1908）大修后十分壮丽，更凸显岭南的"精致"特色。

★ 本节照片由佛山市祖庙博物馆友情提供

前殿西廊陶塑

◀ 总体布局 ▶

佛山祖庙轴线清晰，左右分立，布置匀称，布局严谨。

主轴线上分别是万福台、灵应牌坊、锦香池、三门、前殿、正殿以及庆真楼，灵应祠庭院的两侧分别是鼓楼和钟楼。

以锦香池为中心，池南为戏台娱乐建筑，池北为祭祀殿堂建筑，整体布局紧凑而错落有致。

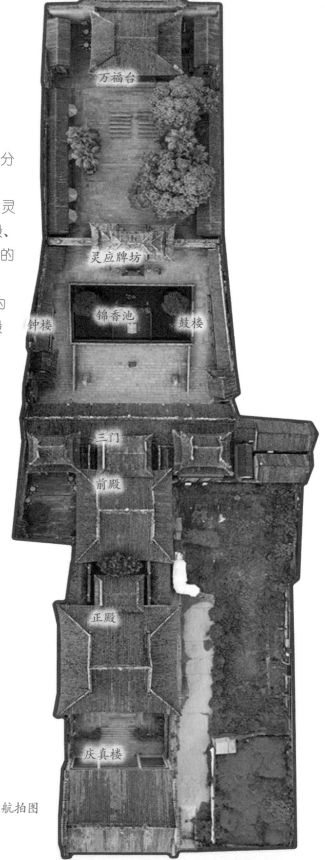

佛山祖庙航拍图

灵应牌坊

建于明景泰二年（1451）。牌坊宏丽壮观，在明代是祖庙的大门。它是现存最早的"三间四柱五楼"的牌坊。

灵应牌坊

三门

建于明代景泰元年（1450），面阔九开间，达 31.7 米，十分壮阔。它是祖庙的仪门，由山门、崇正学社和忠义流芳祠三部分共同组成。按照明朝制度，祖庙的建筑规格是不能建到九间之多的，于是这里巧妙地连接三座建筑来增添气势。

三门

万福台

这是广东省内仅存不多的完好的古戏台之一。以金漆木雕大屏风分隔前后空间，屏风隔板有四个门，分别供演员及工作人员出入。前台演戏，后台化妆。前台三面敞开，演戏在中间的明间，奏乐在两边的次间。东西两侧建有两层高的回廊，是给观众的雅座。佛山禅城是粤剧的发祥地，世界各地粤剧团体都将万福台视为粤剧之源。

万福台

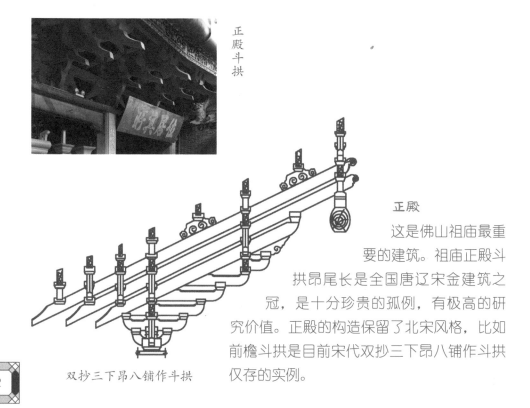

正殿斗拱

正殿

这是佛山祖庙最重要的建筑。祖庙正殿斗拱昂尾长是全国唐辽宋金建筑之冠，是十分珍贵的孤例，有极高的研究价值。正殿的构造保留了北宋风格，比如前檐斗拱是目前宋代双抄三下昂八铺作斗拱仅存的实例。

双抄三下昂八铺作斗拱

◀● 祭祀真武帝／北帝

据《山海经·海外北经》记载，禺京即夏禹之父鲧，其后代的一支为夏族，到河南嵩山一带，创立了夏朝；另一支为番禺族，南迁至越，广东番禺就是番禺族活动留下的地名。

佛山和珠三角一带的越人是番禺族的后裔，真武帝，是他们的祖先，于是真武帝祠也就理所当然称为"祖堂"或"祖庙"了。

真武帝又被称为北帝，农历三月初三是佛山祖庙的北帝诞。这是佛山最大的群体性祭祀和娱乐活动，每年有大量的民众参与，热闹非凡。

北帝诞庆典期间的巡游活动

北帝诞庆典期间的祭神活动

民间艺术之庙

祖庙的建筑装饰大量采用陶塑、木雕、砖雕、灰塑等。

在建筑中应用的陶塑瓦脊共有六条,分别装置在三门、前殿、正殿、前殿两廊和庆真楼等建筑的屋顶脊之上。

规模最大的是三门的瓦脊,正反两面均有以戏曲故事为主要题材的雕塑,釉色以绿、蓝、酱黄、白为主,古朴典雅。

三门的陶塑

怀圣寺 —— 最早的中国式清真寺

怀圣寺，位于广州市越秀区光塔路 56 号。在唐代，广州是我国海外贸易的主要港口。千里迢迢过来做生意的阿拉伯富商是虔诚的伊斯兰教徒，需要做礼拜的场所，因此跟当时的中国政府申请，建了这座我国最早期的清真寺。

怀圣寺立面图

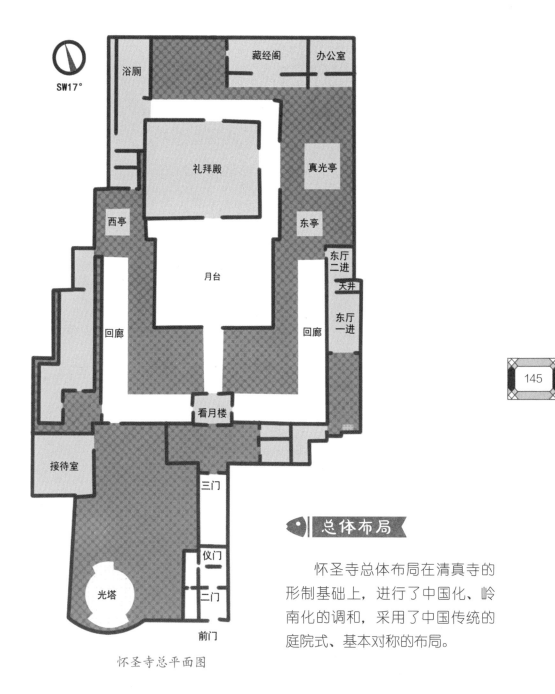

藏经阁

办公室

浴厕

礼拜殿

真光亭

西亭

东亭

月台

东厅
二进

大井

回廊

回廊

东厅
一进

SW17°

看月楼

145

接待室

三门

仪门

二门

光塔

前门

怀圣寺总平面图

◀▶ 总体布局

　　怀圣寺总体布局在清真寺的
形制基础上，进行了中国化、岭
南化的调和，采用了中国传统的
庭院式、基本对称的布局。

　　在主轴线上依次建有三道门、看月楼、礼拜殿和藏经阁。礼拜殿坐西朝东，
礼拜时面向圣地麦加，建筑风格以中国传统建筑风貌为主，但建筑的比例和
色彩又带有西亚风格。

看月楼

中外合璧的看月楼

伊斯兰教首先在阿拉伯地区弘传，那里炎热干旱，游牧民族的生产生活多在夜晚进行。在伊斯兰教徒看来，新月代表一种新生力量，从新月到月圆，标志着伊斯兰教摧枯拉朽、战胜黑暗、圆满功行、光明世界。

看月楼斗拱

怀圣寺的看月楼虽不大，但极其精致，很好地结合了中外风格。四壁是用本地红砂岩砌成的石墙，东、西、南、北各辟一个伊斯兰风格的圆拱门，层层叠叠的斗拱十分引人注目，上面支撑着两重屋顶。看月楼整体形态古朴典雅，耸立在中轴线上，起到分隔内外空间的作用。

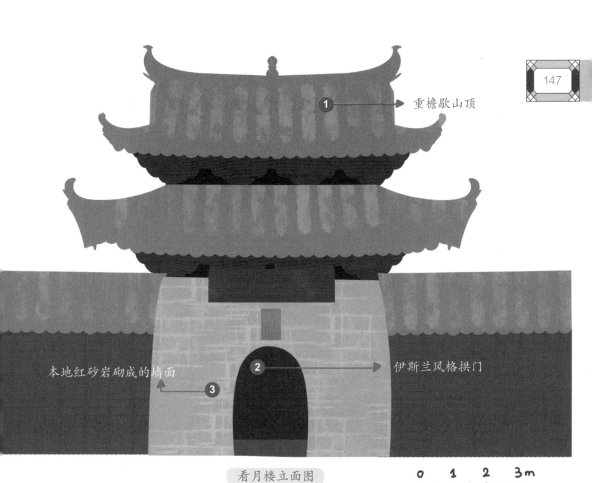

1 ━ 重檐歇山顶

本地红砂岩砌成的墙面 ━ 3

2 ━ 伊斯兰风格拱门

看月楼立面图

0 1 2 3m

光塔露出地面部分高约 35.7 米。它的主要功能是召唤信众来做礼拜。在每次礼拜前，会有人登上塔顶高喊"邦克"，意思是招呼伊斯兰教徒快来做礼拜，所以这座塔最初叫"邦克塔"，后来又称"光塔"。由于是外国人建的，还有个名字叫"蕃塔"。

在 1996 年，怀圣寺光塔作为一个单体建筑被评为第四批全国重点文物保护单位。

双螺旋蹬道

光塔整体用砖石砌成，建筑平面为圆形，直径 8.5 米，有前后两个门，各有一磴道，两楼道相对盘旋而上，到第一层顶上露天平台上出口处汇合。

我国古代的砖砌佛塔，唐代多为方形、转筒状建筑，用木梯和木楼板上下。稍晚一点的塔，多为六边形或八边形，多用砖磴道的砌法，但砌工简单，与光塔的圆形双楼道的精巧技术远远不能相比。

导航

原来广州的珠江，人们俗称为海。光塔临近珠江，在唐朝时，入夜后塔顶会悬灯来为往的船只导航。

怀圣寺光塔

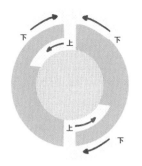

光塔底层平面图

光塔顶层平面图

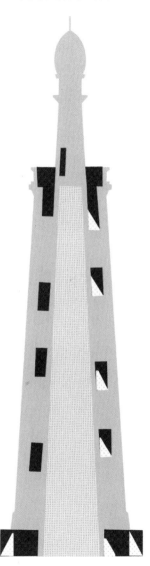

光塔剖面图

35.7 米

8.5 米

光塔立面图

圣心大教堂——石室

圣心大教堂位于广州市越秀区一德路旧部前 56 号。这座精美的天主教堂建于 1863 年，直到 1888 年竣工，历时 25 年建成。它是我国最大的一座哥特式石构教堂。在 1996 年，圣心大教堂被评为第四批全国重点文物保护单位。

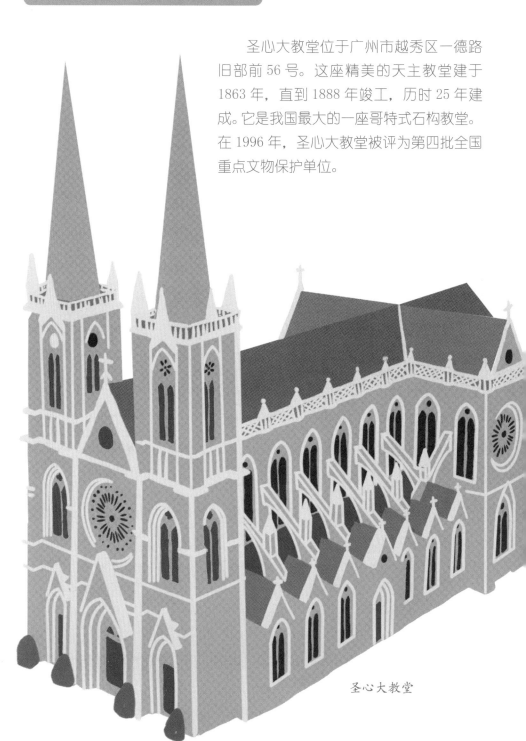

圣心大教堂

圣心大教堂的建造材料主要采用花岗岩石，局部用青砖，也配合木材，但整体看起来就像一座用石头砌筑的雕塑，所以很多人叫它"石室"。

圣心大教堂

岭南文化的代表

圣心大教堂是法国政府在第二次鸦片战争后兴建的，由两位法国建筑师借鉴巴黎圣母院进行设计。但是施工是由广东工匠来操作，揭西人蔡孝石匠担任总管。

151

圣心大教堂虽然外观看是典型的西洋哥特式建筑，但在实际建造过程中采用了许多岭南本土的工艺，经过岁月的沉淀逐渐成为岭南文化吸纳外来文化的一个代表。

法国巴黎圣母院

圣心大教堂地图

152

圣心大教堂的朝向是向南偏东5°，与西方天主教堂门口向西的惯例不同，适应了岭南当地朝向道路的习惯，从地图上就能看出来。

南朝大路的圣心大教堂

岭南狮子样式的排水口

圣心大教堂屋顶的排水口采用的是岭南式的狮子造型，咧嘴探出脑袋的样子，很有喜感。

狮子造型的排水口

153

岭南式的柱础

圣心大教堂大门的柱状雕饰的基础、室内的柱础，以及室内木格门框的柱础装饰，都有典型的岭南特色。后院围墙下还摆放了一排之前维修替换的旧柱础呢。

大门柱状雕饰的基础　　　　　　室内柱础

|← 32.85 米 →|

圣心大教堂建筑平面为拉丁十字形，长 77.17 米，宽 32.85 米，长宽比例大约是 2:1。

圣心大教堂有两个塔楼，东塔是乐钟楼①，里面有四口铜钟。西塔是时钟楼②，安置有机械时钟。

77.17 米

圣心大教堂平面图

正门中间大门上部墙体以及两侧翼端的墙体，开有巨大的圆形彩色玻璃玫瑰窗③。

左中右开三个尖拱门④，正中墙体开巨大的圆玫瑰窗，上面三角形山墙尖上竖起"十字架"⑤。

154

室内笔直地立着纵向束柱，是十字形尖券拱顶⑥，用砖砌筑，拱中固定木套用于吊挂照明灯具。

用彩色玻璃的尖拱窗采光

有一列"飞扶壁"⑦支撑上部墙体，兼作屋顶的排水沟，每条壁柱顶都伸出小尖亭⑧。

岭南古塔建筑

在古代中国，塔通常是一个地方最高的地标性建筑。

塔原是佛教建筑，起源于印度，梵文音名是"窣堵坡"，是一个半圆丘形的坟墓，上面有十多层金属圆盘叠成的构件叫做"刹"。塔还有好几个名字，比如"塔婆""浮屠"等。塔最初是为保存佛的舍利子，便于佛教徒们膜拜而产生的。

塔传入中国后，在中国建筑的传统形式和文化习俗等的影响下，逐渐形成了独特的中国古塔艺术。而岭南的古塔，既有中国古塔建筑艺术的共同点，也有鲜明的岭南本土特色。中国的古塔除了作为佛教的象征外，还衍生出了其他功能，比如大多能用于登高望远。

我国古塔类型很多，从实际功能来说，有佛塔及其他宗教的纪念塔、军事战争相关的瞭望塔等主管人文兴旺的文塔、协调景观平衡的风水塔以及作为导航标志的灯塔等。

岭南的古塔数量也众多，据不完全统计现存古塔有 300 多座。从样式来说，以楼阁式占主导地位，数量最多，分布最广。不过岭南地区的楼阁式古塔既不同于江南地区古塔的飞扬秀美，也不像北方古塔那样雄浑伟岸，相对来说，它们更倾向于朴实而不简陋、秀丽而不张扬的风格，有一种雅致古朴的风韵。

下面一起来认识广东的两座古塔吧，它们分别是唐代佛塔和宋代风水塔的代表。

云龙寺塔耸立在广东省仁化县董塘镇安岗村西北角狮岭东南麓，坐西北向东南，俯视南北纵行的浈溪河。

云龙寺塔建于晚唐乾宁至光化年间（894—898），距塔200米处有一寺庙，原名西山寺，清代更名为云龙寺，塔也随之更名为云龙寺塔，沿用至今。

云龙寺塔在1988年成为第三批全国重点文物保护单位。

典型的唐代方形砖塔
——用砖石模仿木结构

云龙寺塔的平面是方形，边长 2 米，是
五层的实心塔，层高 10.44 米。塔身底部四
面各设一个壶形的佛龛。各层用仿木构建筑
法，用砖隐砌出倚柱、门拱、栏额、普柏枋、
假门、栏杆、平座等，具有典型的唐代方形
砖塔风格，是研究广东早期古塔建筑形式的
珍贵宝物。

云龙寺塔立面图

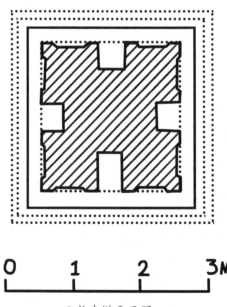

云龙寺塔平面图

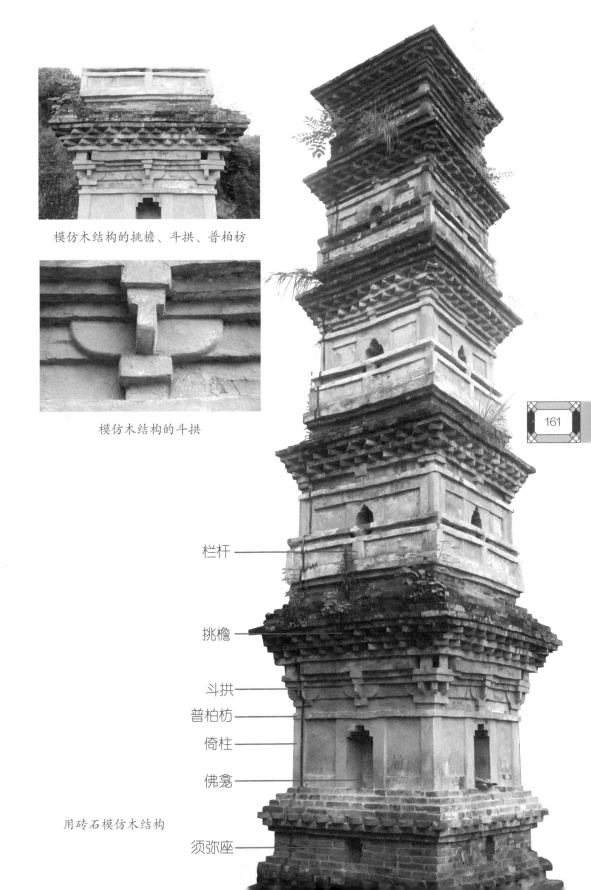

模仿木结构的挑檐、斗拱、普柏枋

模仿木结构的斗拱

栏杆

挑檐

斗拱

普柏枋

倚柱

佛龛

用砖石模仿木结构

须弥座

三影塔 —— 广东唯一有绝对年代可考的宋塔

三影塔位于广东省南雄市雄州镇三影塔广场北侧，建于北宋大中祥符二年（1009），据《南雄州志》记载有"祥符二年己酉异人建塔"，是广东目前唯一有绝对年代可以考证的宋代砖塔。

三影塔旁边原建有延祥寺，也称延祥寺塔。它在 1988 年成为第三批全国重点文物保护单位。

163

三影塔立面图   三影塔剖面图

164

0   3   6   9   12   15 m

三影

三影塔之所以叫这个名字，据说是因为它能在延祥寺光滑如镜的寺壁上反射出三个塔影，一影朝上，两影倒悬。可惜延祥寺已毁，我们再也看不到这一奇景了。

可登高的阁楼式

三影塔为可登临的阁楼式塔，塔身空心，平面是六角形，外观9层，内17层，总高50.2米。楼梯穿壁绕平座（包围塔身的回廊阳台），塔的内壁有佛龛。

三影塔全貌

副阶设计楼式塔

副阶须弥座

三影塔的首层是副阶形式的设计，有六根檐柱，覆莲形石柱础，六面三十朵斗拱出挑，磨砖砌须弥座。

整座塔身以规格不等的青砖平卧顺砌，黄泥浆黏合。各层设有仿木构栏额、普柏枋、角柱与斗拱。

副阶斗拱

精致的各层装饰

飞檐

塔身每层都伸出飞檐和栏杆，飞檐的梁头上都悬挂着一只铜铃，全塔共有 48 只，天风过处，铃声清脆。檐脊的末端还各蹲伏着一匹酱红色的陶制貔貅，寓意祛灾托福。

每层檐下都用棱角砖和挑檐砖层叠（这种做法叫"叠涩出檐"），檐覆盖铁红色琉璃瓦面。

三影塔鸟瞰图

挺拔高耸的塔刹

　　三影塔的塔顶为六角攒尖式，最顶端的部分是塔刹，由铁铸成，是集合覆盆、宝瓶、七层相轮和铜铸宝珠的形象组成，用六条铁索固定，看起来玲珑挺拔，直指青天。

塔刹

塔顶

岭南其他建筑

岭南建筑还有一些重要的建筑类型，比如交通建筑和近现代建筑，因为篇幅原因，不分别单独成章，而是一起整合到这部分来介绍。

交通建筑

交通建筑顾名思义，是为了服务于交通运输而产生的建筑，如桥梁、驿站等。

岭南尤其南部靠海地区水系繁多、河网密布。从南宋开始，经济中心南移，为了适应日益增长的贸易和运输需要，岭南地区出现了各种各样的桥梁。

近现代建筑

　　20 世纪初的近代中国，随着社会的半殖民地化，西方的建筑技术和建筑思潮传入，中西方的建筑思想开始碰撞、交融，出现了一系列优秀的建筑作品。岭南地区作为最早接受外来文化风潮的"先行者"之一，更是出现了许多经典之作。

　　这一时期，中国公共建筑设计的主流取向是坚持传统，同时结合西方先进的结构技术和装饰艺术，而不是盲目崇洋、照搬西方建筑模式。

潮州广济桥

广济桥 —— 二十四变

广济桥始建于南宋,俗称湘子桥,位于广东潮州古城东门外,横跨韩江 —— 闽粤自古以来的交通要津。在潮州有两句流传已久的民谣:"到广不到潮,枉费走一遭;到潮不到桥,白白走一场。"

广济桥与赵州桥、洛阳桥、卢沟桥并称为"中国四大古桥",并且早在1988年就被公布为第三批全国重点文物保护单位。

广济桥规模宏大,全长约520米。它最突出的特点是结构奇巧,集梁桥和浮桥于一体,是中国桥梁史上的孤例,被我国著名桥梁学家茅以升称为"世界上首座启合式桥梁"。

下面一起来感受广济桥的壮观,具体了解它的特色吧!

★本节照片由潮州市文广旅体局友情提供

康济桥

广济桥最初是一座浮桥，名为"康济桥"，后来毁于洪水。

西岸 .... 东岸

丁公桥和济川桥

当地太守对桥进行重修时，先从西岸开始修筑桥墩，逐渐建成了 10 座桥墩，并给西段起名"丁公桥"。之后在东段相继修建了 13 座桥墩，并命名为"济川桥"。东、西两桥中间一段约有 89 米，因为水流湍急，采用船只相连成浮桥的做法。

西岸 .... 东岸

广济桥——十八梭船廿四洲格局

明代时，对这座桥进行了一次规模空前的修整工程，并在每个桥墩上都修筑了桥楼，将三段桥统一命名为"广济桥"。后来在西岸又增加了一座桥墩，将中段最早的 24 只船减少了 6 只，形成"十八梭船廿四洲"的格局。

西岸 .... 东岸

今天的广济桥

广济桥经历过多次抢救和修缮，如今能看到西岸是 7 个桥墩，东岸是 10 个桥墩。现在我们所走的广济桥桥面几乎是后来建的，不过这样也是为了保护真正的古桥部分，也就是那些位于桥底的古石梁，现在还有一些古石梁放置在桥西头的岸边。

西岸 .... 东岸

曾经的广济桥——一个外国人的记述

英国人约翰·汤姆森 1862—1872 年进行了他的亚洲之旅。他 1869 年到香港，在皇后大道开设摄影室，并在之后的两年时间里，踏遍全中国。1878 年他编撰了《镜头前的旧中国 ——约翰·汤姆森游记》一书，里面记录了他在潮州的经历，提及了广济桥：

在潮州时，有一天天还没亮，我们就起床了，去河边拍摄一座旧桥……在桥上有个集市，就在天要大亮时，装满农产品的苦力车长龙般地从四面八方涌来。

潮州府大桥与福州的一座横跨闽江的大桥有些相似。它是一座石桥，有很多个桥墩，近似方形的桥孔可供船只从桥下通行……桥上还是小镇上的一处大集贸市场，在那里，我发现了一些商人的住所和店铺。他们在那里经商，也在那里睡觉。

在他的文字描述中，广济桥上的房屋除了居住，也兼做商铺。从他拍摄的黑白照片中能一窥当时的景象：桥墩上都建有房屋，阁楼飘到桥墩外，用木杆支撑着，像吊脚楼。各桥墩之间的连接部分是封闭起来的，像廊桥。

《镜头前的旧中国——约翰·汤姆森游记》插图

广济桥的创建前后延续了342年，在形成后的800余年以来，也经历了数次修缮，但这个格局基本延续了下来。

2003年10月至2007年6月，历时四年的广济桥维修工作全面完工，广济桥恢复了明代鼎盛时期的风貌。

结构奇巧——十八梭船廿四洲

当地有民谣唱："潮州湘桥好风流，十八梭船廿四洲，廿四楼台廿四样，二只鉎牛一只溜。"

这首民谣道出了广济桥"梁舟结合"的奇巧结构，也就是将梁桥和浮桥结合在一起的设计。中间的浮桥不仅能很好地适应洪水，还能将连接的浮船解开让大船经过。

广济桥夜景

民谣唱出了广济桥的造型特点，也就是每个桥墩上都建造了一座形态不同的桥楼，也兼做店铺，所以有"一里长桥一里市"的说法。

"民不能忘"石牌坊

清代时，当地知府在修缮广济桥时铸造了两只铁牛，分别放置在西岸第八墩和东岸第十二墩上。后来一次大洪水冲掉了一只，于是有"二只鉎牛一只溜"的说法。另一只铁牛在抗日战争期间日军飞机轰炸后不知所踪。如今在西岸第七墩上重铸了一只。

在广济桥的西段上有一座"民不能忘"的牌坊，是百姓为了纪念道光年间的太守刘浔、分司吴均发动有钱人家捐资修桥的事迹而建的。

中山纪念堂位于广州市越秀区东风中路 299号，坐落在越秀山南麓，也在民国时期广州城的中轴线上，是纪念革命先行者孙中山先生的纪念堂。中山纪念堂 1931 年建成，由著名设计师吕彦直设计，是岭南近代建筑的重要代表之一，一砖一瓦都透露着中国传统建筑艺术与近现代建筑艺术的精妙结合。2001 年，它被公布为第五批全国重点文物保护单位。

　　中山纪念堂以蓝、白、红三色为主色调，呼应"青天白日满地红"旗帜，也就是孙中山先生为中华民国选的国旗，寓意"光明正照"以及"自由、平等、博爱"。

　　青色彩绘、蓝色琉璃瓦象征青天，礼堂内的白色穹顶象征白日，红色门、窗、柱子象征满地红。

色彩鲜明的中山纪念堂

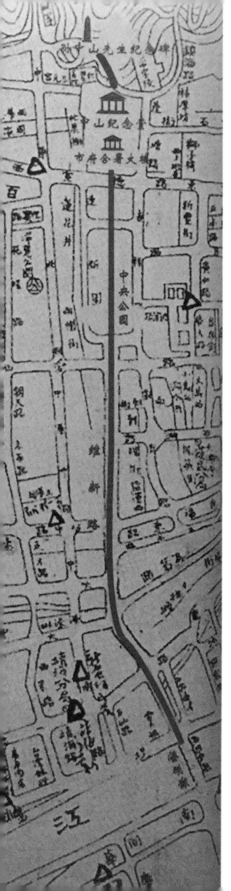

在民国时期地图上标注的广州中轴线（翻拍自中山纪念堂内的展览）

中山纪念堂所在位置的背后 ——民国时期的广州城中轴线

越秀山是广州全城的主山，拥有城中重要的建筑镇海楼和纪念碑。但明清以前的广州，越秀山虽然为全城主脉，并没有形成明显的轴线。

中山纪念碑与纪念堂的诞生，加上越秀山的地势，民国时期的新的中轴线开始形成。之后人们在中山纪念堂南边逐渐建设起重要的公共建筑及空间。

中山纪念堂南面是广州市第一个警察署，取代了古代的衙门。警察署前是广州的第一个公园 —— 中央公园。公园再往南是海珠广场和海珠桥。

南方城市的轴线往往不像北方那样是笔直的，但这并不影响中轴线给城市带来的气势。

这条轴线贯穿广州城，从北向南依次连接：中山纪念碑（越秀山）—中山纪念堂—广州市政府合署—中央公园—海珠广场—海珠桥。

中山纪念堂乍看是中国传统建筑的感觉，层层叠叠的宝蓝色琉璃瓦屋顶，朱红色的柱子，彩绘丰富的横梁……但仔细一看，似乎又会产生西方古典广场的错觉，纪念堂前方是开阔规整、几何对称的大草坪和广场，中间竖立着孙中山先生的雕像，两侧各有一个华表。

182

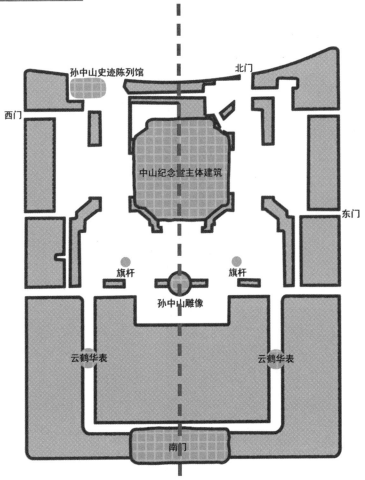

中山纪念堂总平面图

中轴对称布局是中西方都有的，不同的是，西方式的中轴往往是道路和广场，而中国式的中轴主要由建筑构成。

整体上既体现中国传统建筑群坐北朝南、左右对称，强调中轴线，又借鉴了法国古典主义的造园艺术和古罗马广场的形式。

中西合璧的布局，使背景环境显得更单纯，突出主体建筑，强化空间的纪念性，同时营造了一个开放、公共的外部空间，供人们进行各种自由活动。

中山纪念堂建筑的设计与建造，运用了中国古建筑某些形式特征和视觉效果，结合了西方现代建筑理念及技术，还适应了岭南当地的自然条件，充分体现了建筑的精神美和技术美。这在民国时期被称作"中国固有式"建筑。

大跨度的礼堂空间穹顶由钢架和钢筋混凝土构成，没有一根柱子遮挡，这是来自西方的材料与技术。屋顶的采光玻璃是德国制造的。采光玻璃与遍布墙体四围的玻璃门窗，既使堂内获得充足的自然光线，又通过不同颜色的玻璃折射，使阳光变得柔和。

纪念堂内的悬柱，又称垂花柱，是南方建筑特色的一个体现，它的妙处是减少遮挡，让空间显得宽敞通透。

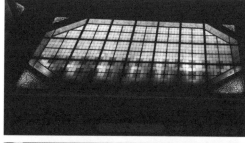

①堂内顶部空间（"白日"顶）　②屋顶采光玻璃
③堂内的灯光布置　④垂花柱

装饰色彩丰富

斗拱是由若干个拱件，相互咬合，层层垒叠而成的组合构件。它是既有悬挑作用，又有装饰效果的支撑性传力构件，是中国古典建筑的显著特征之一。不过自钢筋混凝土使用以来，斗拱已经完全成为装饰物。

中山纪念堂室内外天花板上的拼花有别，但都和宋代天花风格相似。其中室内还有一段未修复的天花横梁，有兴趣的可以去现场仔细寻找哦，非常珍贵。

①室外斗拱

②室内斗拱

③室外天花

④室内天花

⑤室内未修复的横梁（位于二楼）

　　中山纪念堂使用了大量寓意深刻的象征图案，彰显着深厚的中国传统文化。

　　屋顶下伸出的椽子端部作万字符"卍"装饰，寓意吉祥、祝福、和谐。山墙尖端的装饰是"悬鱼"，象征廉洁。室内外有好几个地方用羊头做图案装饰，令人联想到"五羊献穗"的传说，如用意大利云石雕制的汉白玉栏杆是羊头造型，室外柱头装饰是"¥"的简化羊头图案，室内外柱头、梁下的雀替上也是羊角花纹。

椽子端部作万字符
"卍"装饰

山墙上的"悬鱼"装饰

羊头造型的
室内栏杆

室外柱头上装饰的"¥"简化羊
头图案，室外柱头、梁下雀替
上的羊角花纹

室内柱头、梁下雀替上的
羊角花纹

结语

　　岭南建筑是中国建筑的一分子，流淌着博大精深的中国传统文化的血液。书虽然本着"涵盖广""价值高""代表性强"等初衷，精心挑选了几种主要的建筑类型来介绍，企望为广大青少年勾勒一幅岭南建筑的大观图，但我们知道，这里所涉及的建筑只是冰山一角，远远不够囊括"岭南建筑"这个大主题。岭南建筑还有更多有待深入探索的历史，值得认真思考的智慧，以及需要仔细品味的美感。

　　希望本书能成为读者朋友们对岭南建筑、岭南文化乃至中国文化产生兴趣的一个开始。

　　最后，感谢鼎力支持和帮助本书编写的单位领导和同事，感谢慷慨提供精美照片的博物馆及地方文物主管部门，感谢用心绘制了大量可爱插图的设计师，以及感谢仔细编校本书的编辑……因为有大家的共同付出，才有这本小书的诞生。在此一并表示衷心的感谢！

广东省文物考古研究所

崔俊　倪韵捷

2020 年 3 月

186